纽扣的游戏

（日）加藤真有里　著
李　杨　译

河南科学技术出版社
· 郑州 ·

目录 *Contents*

第一部分

纽扣带来的新生机

将纽扣随心装点在衣服、包包等物品上面，就能让衣服和包包呈现出新的生机！充分享受时尚的新鲜感！

Cloth
衣服与纽扣的牵绊

在穿了很久的衣服上添加别致的纽扣，就能让衣服重获新生！

尝试将大小相似、款式不同的纽扣钉在衣服上，时尚感骤增。

简单的白衬衫搭配可爱的心形纽扣，红色刺绣线是整体中的亮点。

分别用红色和蓝色绣线交错着钉纽扣，绅士感油然而生。

在女孩子最喜爱的短外套上，将颜色由深到浅的粉红色纽扣排列起来，也是一种乐趣。

在宝贝的牛仔短裤上装饰Yo-yo花和小纽扣，大大提升可爱度。

将布条和蕾丝花边排列成花朵造型，再用衬衫纽扣随意钉在一起，一朵漂亮的胸花就完成了。

在心仪的连衣裙上缝一排可爱的纽扣，连衣裙立刻呈现出妈妈手作的温馨感觉。

蕾丝花和圆纽扣零散地装饰在休闲服上，即刻提升了休闲服的品位。

使用了大量的纽扣、皮革和不织布装饰出的针织外套，品位优雅不凡。

把纽扣打造的心形胸花装饰在毛衫上，穿出与众不同的个性。

在不织布上钉很多纽扣，超级可爱。

在白色纽扣之间加缀了蓝色纽扣，刚好与左侧的刺绣花朵形成呼应。

花朵中心的橙色仿中国结纽扣格外特别。

实物大小的刺绣图案请参见纸样A面①

大小不一的白色贝壳纽扣碰撞在一起发出清脆的声音。在不同颜色的刺绣线的点缀下，越发漂亮。

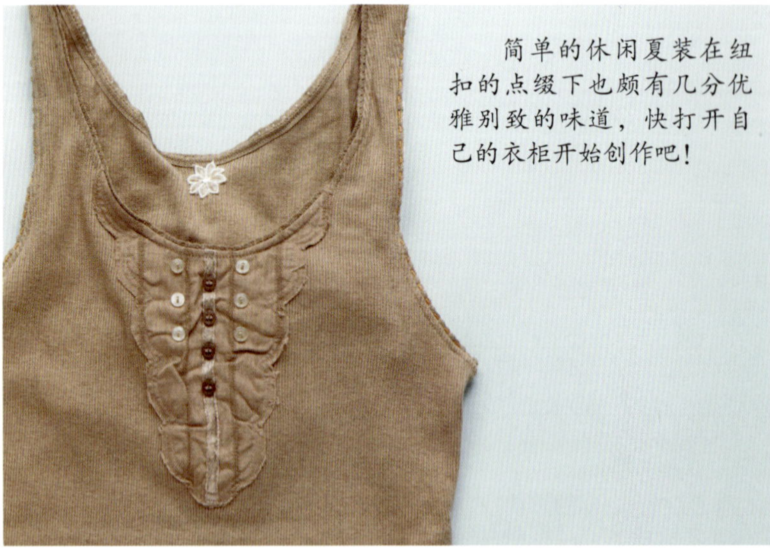

简单的休闲夏装在纽扣的点缀下也颇有几分优雅别致的味道，快打开自己的衣柜开始创作吧！

沿着缎带和绣花图案排列的纽扣，与衣服协调统一。

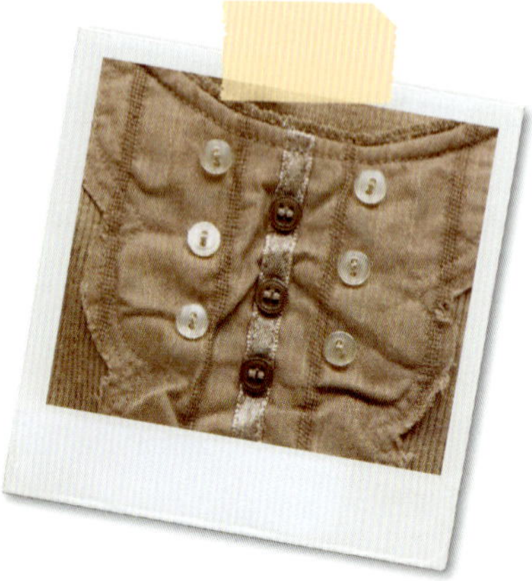

按扣也有这样的点缀效果！使用两种颜色的刺绣线将按扣散落地钉在花边一侧，显得与众不同。

在白色短袖上能尽情地进行创意。将皮革、串珠和纽扣装饰在领口，即可提升品位。

针织领带上装饰几枚纽扣，就能简单地提升衬衫的亮点。黑色领带上的金属托纽扣足够精致吧！

自然气息十足的羊毛布围巾上点缀着具有复古气息的蕾丝图案，优雅大方。可爱的纽扣别致又个性突出。

87cm × 16cm

羊毛布围巾

<材料>

羊毛布……90cm × 40cm
宽10cm的蕾丝花边……20cm
直径7.5cm的圆形蕾丝……1片
纽扣……1个
宽1.5cm的彩色缎带……20cm
刺绣线……适量

<制作方法>

1. 将蕾丝缝合固定到羊毛布上，并进行刺绣。
2. 将围巾正面和反面的表面相对叠合，将四周缝合到一起，留 6cm返口不缝。
3. 从返口翻回表面，在周围进行法式结粒绣。
4. 在反面缝合固定彩色缎带。
5. 在正面缝合固定纽扣。

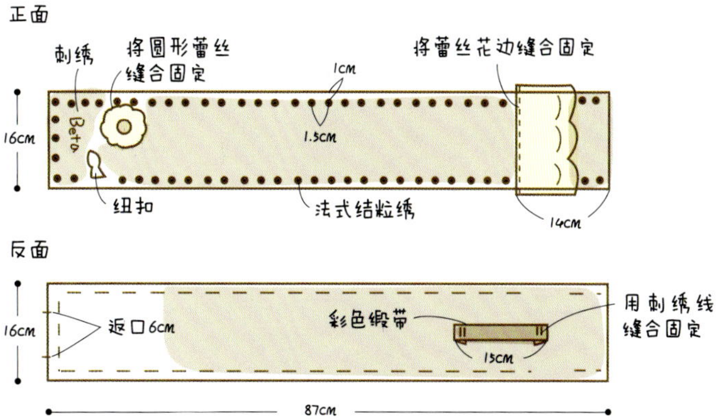

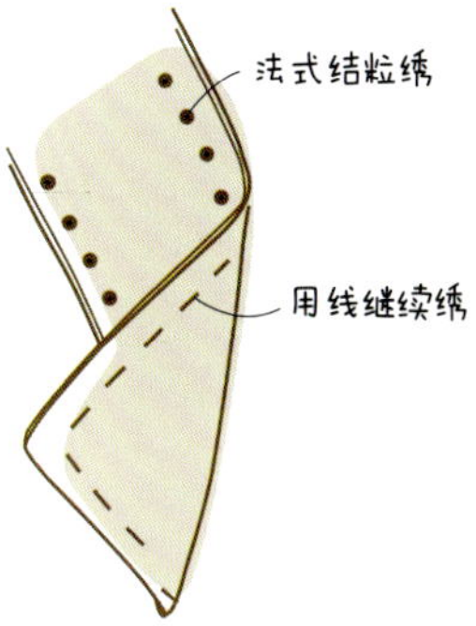

实物大小的刺绣图案

在再简单不过的围巾上添加独属于自己的那点色彩，就能让你在众人中脱颖而出。

为了能让麻质的围巾更好地固定在颈间，加装一个装饰有蕾丝、纽扣的别针就搞定了！

简单地将皮毛和羊毛布缝合在一起，就能做出蓬松感十足的围巾了！再装饰彩色纽扣，轻松提升时尚感。

88cm × 20cm

在直径为6cm的大纽扣上粘贴各种各样的小纽扣，就变成了装饰花！

皮毛围巾

<材料>

皮毛……90cm × 20cm

羊毛布……90cm × 30cm

<制作方法>

1. 将皮毛和羊毛布的一侧叠合，沿★和●标记的长边缝合成筒状。
2. 留出返口后缝合短边，并从返口翻回正面。
3. 将返口缝合，在皮毛与羊毛布接合的边上进行车缝。

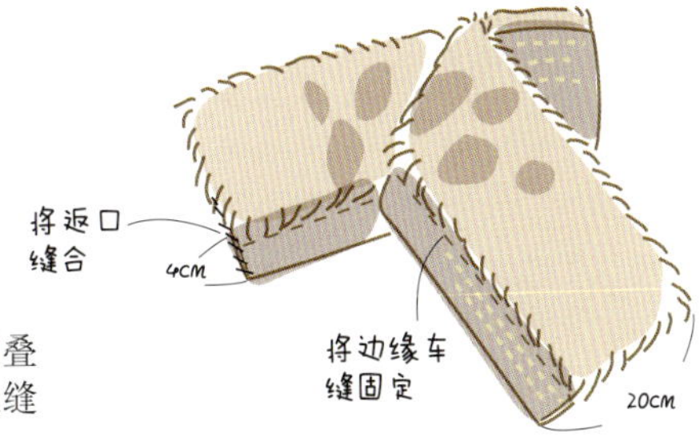

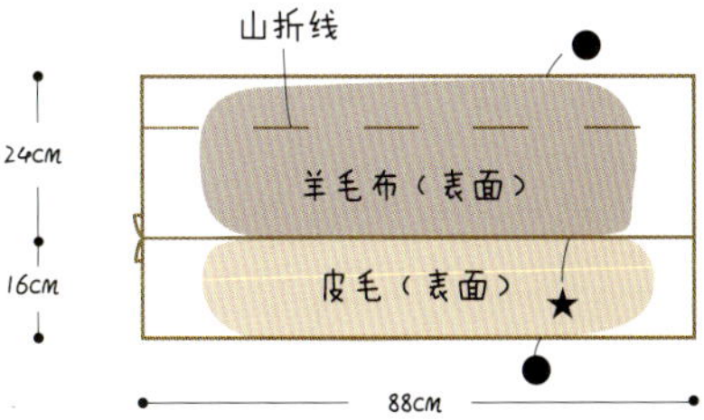

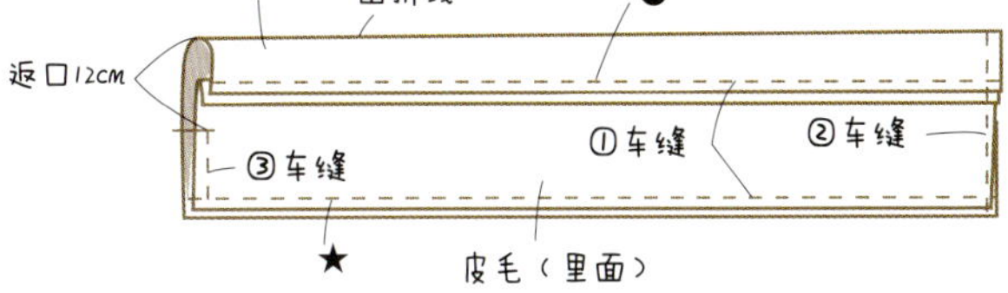

Bag

包包与纽扣的情结

无论是买来的包包还是自己的手作包包都可以装饰纽扣，打造属于自己的个性！

在素布包包上简单地装饰纽扣，迅速提升时尚度。笔袋上的花形纽扣也精致特别哟！

自然风十足的包包让人回忆起曾经的往事。用细缎带固定的纽扣和提手上的蕾丝花边搭配得恰到好处。

纽扣的固定方法

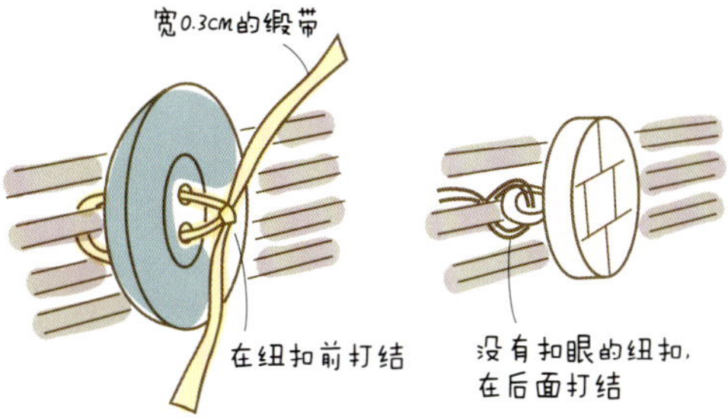

提手的制作方法

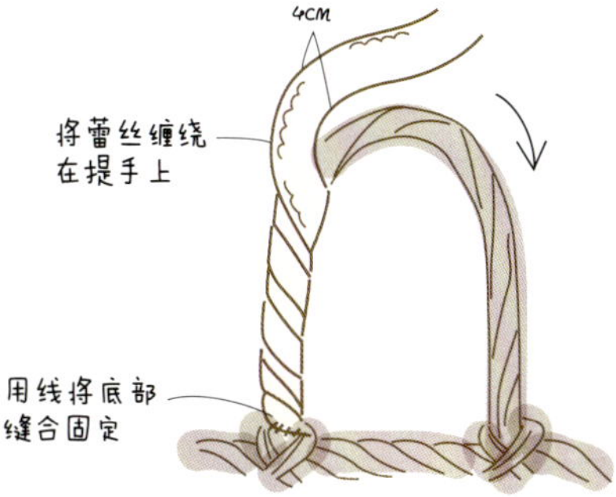

黑色与金色搭配的购物包

用纽扣将名字的缩写或是喜爱的英文表现出来，时尚感极强。装饰在提手附近的纽扣不但可以遮挡住提手的缝份，还能进一步地加固提手。

高35.5cm

制作方法参见P19

作品参见P18

黑色与金色搭配的购物包

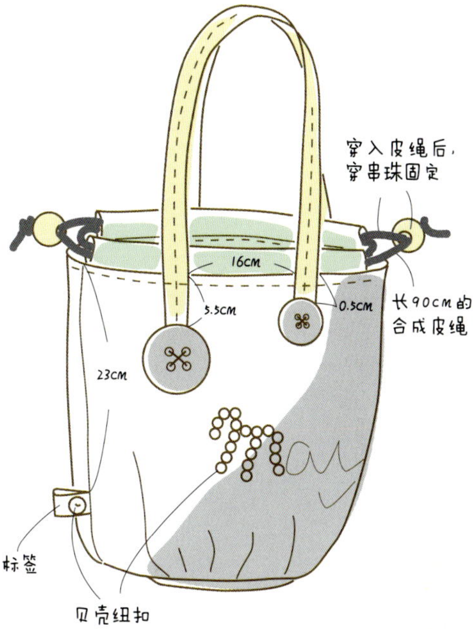

<材料>

黑色麻布（表布、底布）……90cm × 80cm
印花麻布（内袋、底布、抽带布）……90cm × 80cm
铺棉……50cm × 20cm
提手用合成皮革（金色）……70cm × 20cm
宽0.5cm的合成皮绳……200cm
直径2cm的串珠……2颗
直径6cm的纽扣……2个
直径4cm的纽扣……2个
底板（瓦楞纸）……50cm × 20cm
标签（缎带）……3cm × 10cm
贝壳纽扣……适量

<制作方法>

1. 在表布上描画喜欢的文字，将贝壳纽扣沿文字缝合固定。
2. 将表布剪裁成合适的大小，表面相对折叠一次，将标签夹好，缝成筒状。
   内袋按照同样的尺寸剪裁并缝成筒状。
3. 将底板用瓦楞纸剪裁好，与底布、铺棉叠合，包裹缝合。
4. 将表布的底部缩缝后收紧至底板的大小，与底板一起缝合固定。
5. 将内袋放入表布的主体中，与内底布缝合固定。
6. 制作抽带布，并将其放入表布与内袋之间缝合固定。
7. 缝合固定提手和纽扣。
8. 将皮绳穿过抽带布，并在两侧分别穿串珠固定。

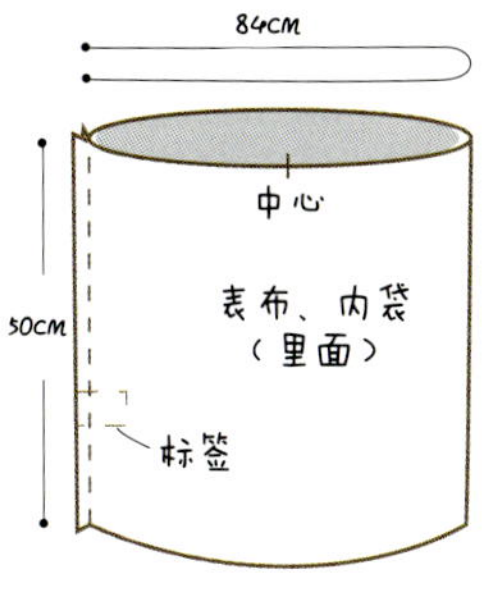

抽带布的制作方法

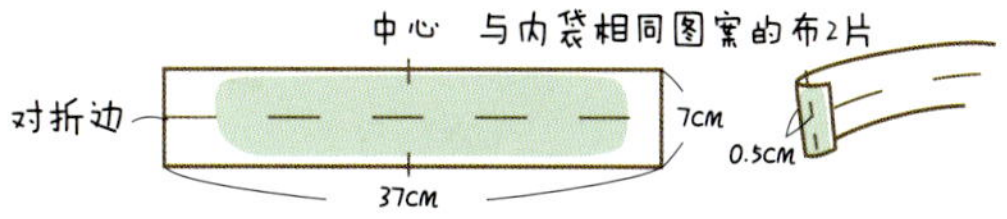

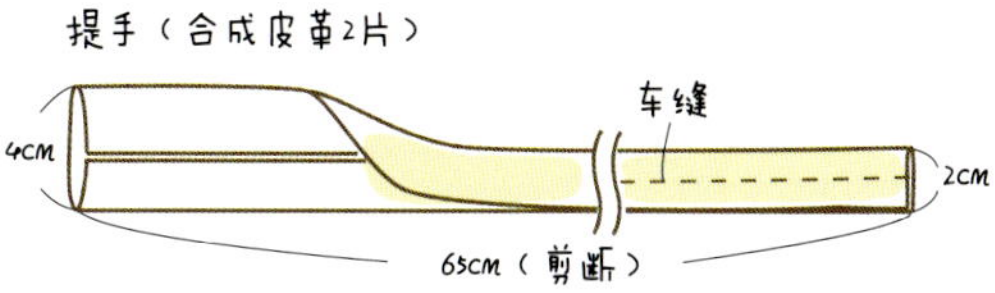

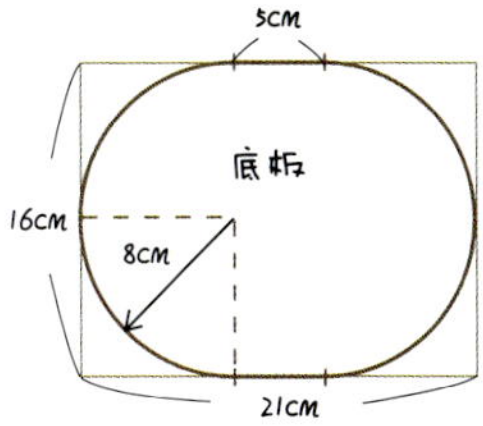

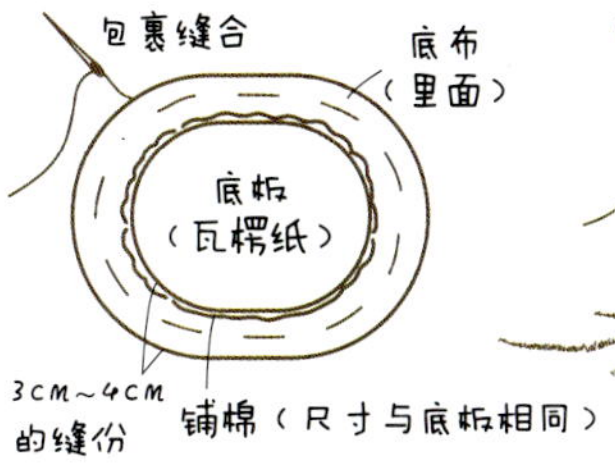

※将底布和内底布留出
3cm~4cm的缝份

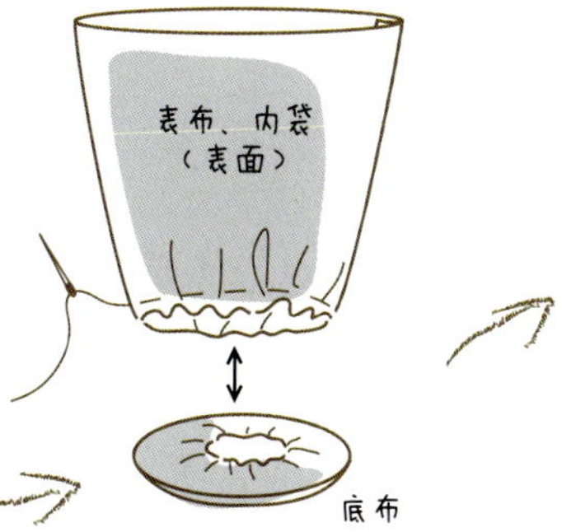

将主体的底部缝合收紧，
并固定在底布上

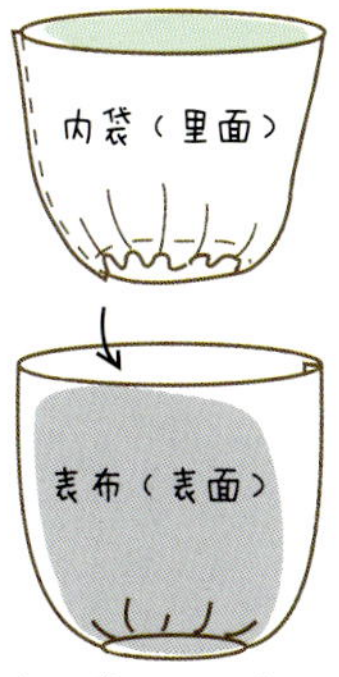

将内袋放入主体，
与内底布缝合固定

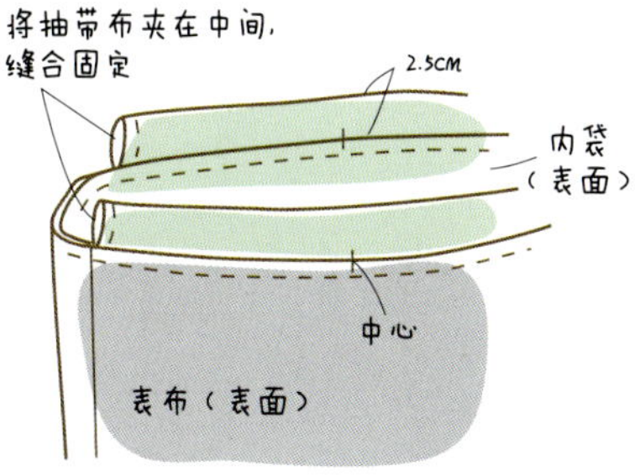

雨滴装饰包包

将各种颜色的雨滴形皮革装饰在包包上，并分别钉一颗透明纽扣，优雅气质油然而生。带有长穗的特殊材质，让包包具有一种毛绒绒的别样质感。

高18cm

制作方法参见P21

作品参见P20

雨滴装饰包包

实物大小的纸样参见纸样B面⑤~⑧

<材料>

带长穗尼龙布（前面、后面、侧面、提手）……60cm × 50cm
黏合衬（前面、后面、侧面、提手）……60cm × 50cm
内袋（前面、后面、侧面）……60cm × 40cm
宽2cm的蕾丝花边……220cm
宽1.5cm的缎带……55cm
皮革（6种颜色）……各10cm × 6cm
直径0.3cm的串珠……12颗
直径1.5cm~2cm的纽扣（透明）……6个

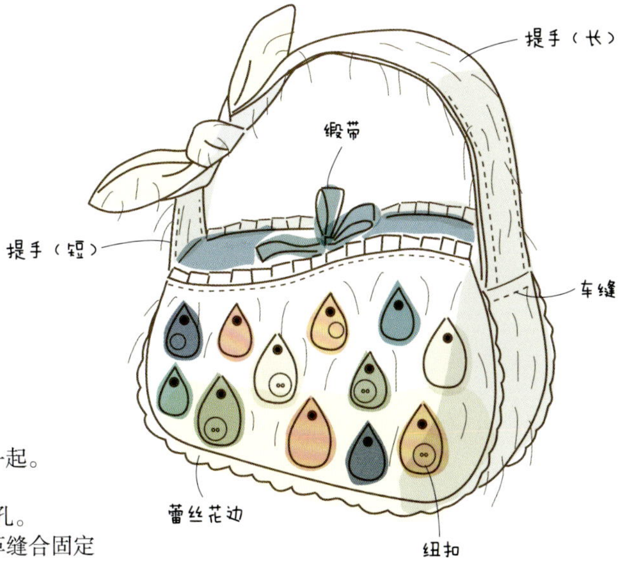

<制作方法>

1. 在表布的反面粘贴黏合衬，并分别剪裁出前面、后面和侧面。
2. 将侧面的两端折叠3次缝合。
3. 分别将蕾丝花边疏缝在前面和后面上，再与侧面缝合固定在一起。
4. 制作提手部分，并缝合固定在侧面。
5. 将皮革剪裁成雨滴形，在尖部用打孔器打一个直径0.2cm的圆孔。
6. 将透明纽扣缝合固定到皮革上。将串珠穿过刺绣线，并将皮革缝合固定到包包的前面。
7. 将蕾丝花边折叠出褶皱，疏缝固定到包口。
8. 制作与主体同样大小的内袋，放入主体后将缎带夹在中间，进行车缝。
9. 在侧面和提手的连接部分也进行车缝。

●制作要点

・没有打孔器时，可以用锥子辅助皮革针进行缝合。

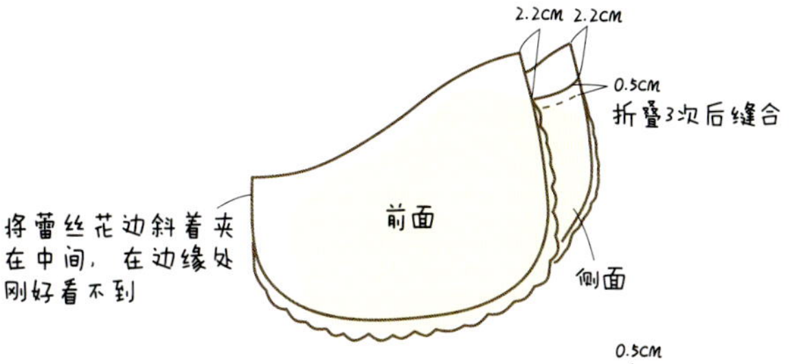

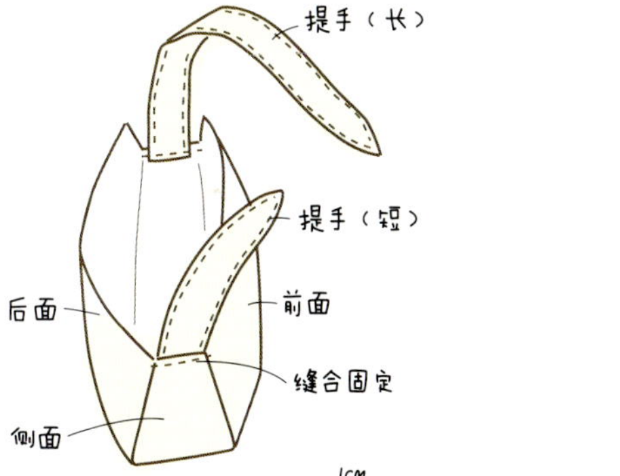

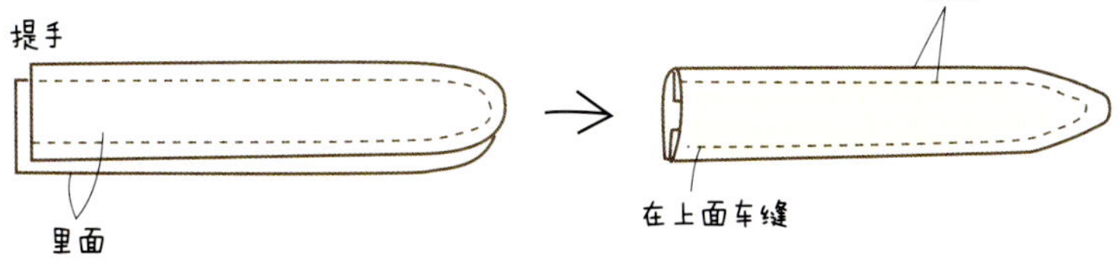

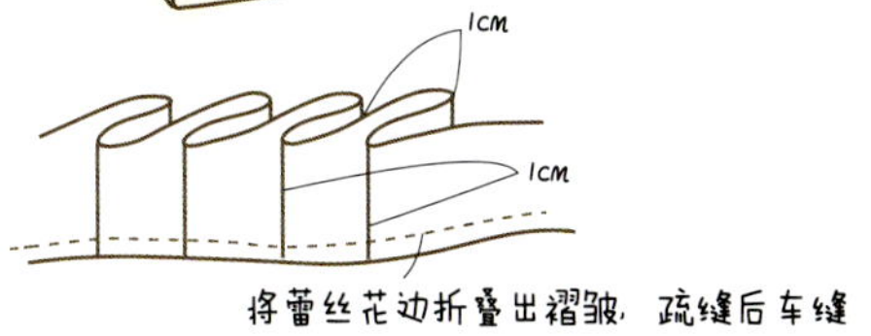

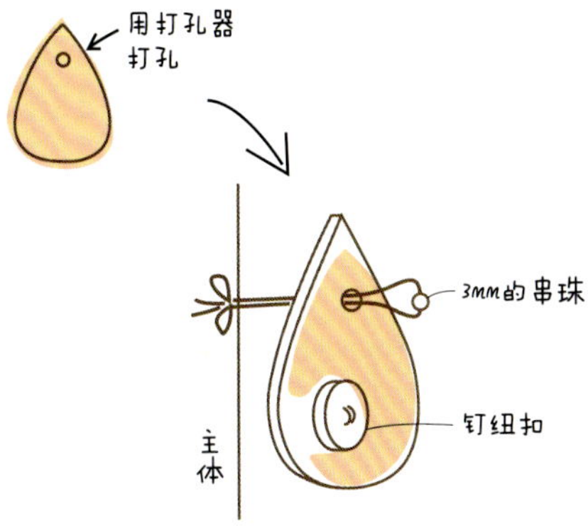

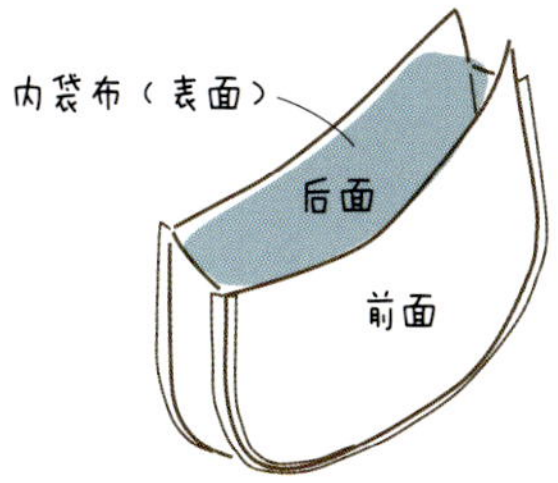

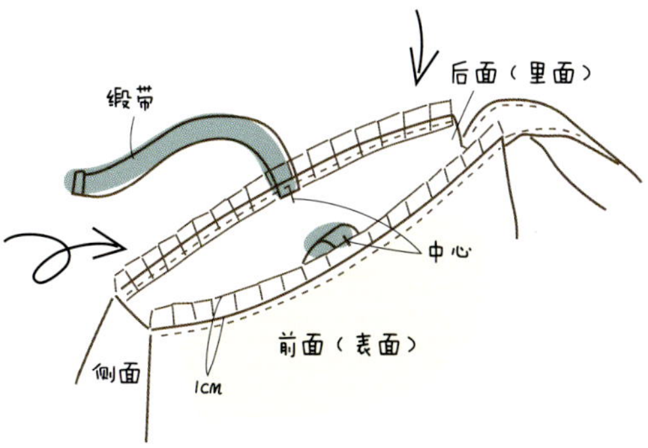

三色旗包包

用结实的麻布制作出的环保包，具有十足的巴黎气息，在超市买的长面包放到里面刚刚好。

高40.5cm

制作方法参见P23

作品参见P22

三色旗包包

<材料>

麻布（条纹图案）……50cm × 90cm
宽2cm的平纹棉布带……200cm
宽1.5cm的麻布带……90cm
直径6cm、4.5cm的纽扣……各1个
宽1cm的三色旗缎带……70cm

<制作方法>

1. 剪裁麻布，将短边对接缝合成筒状。
2. 在上端缝合麻布带。
3. 将上端折回4cm的宽度后，将做提手的平纹棉布带夹好缝合。
4. 将两侧向里折回，底端用平纹棉布带包裹缝合。
5. 钉纽扣，并用三色旗缎带打结装饰。

●制作要点

· 在使用比较容易脱线的布料时，应在两侧加以车缝固定。

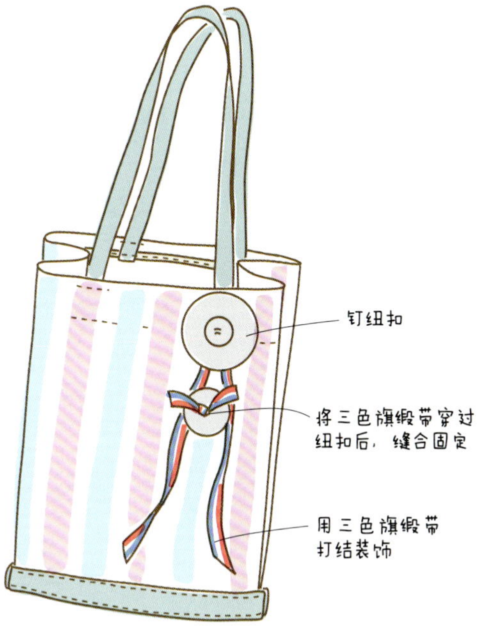

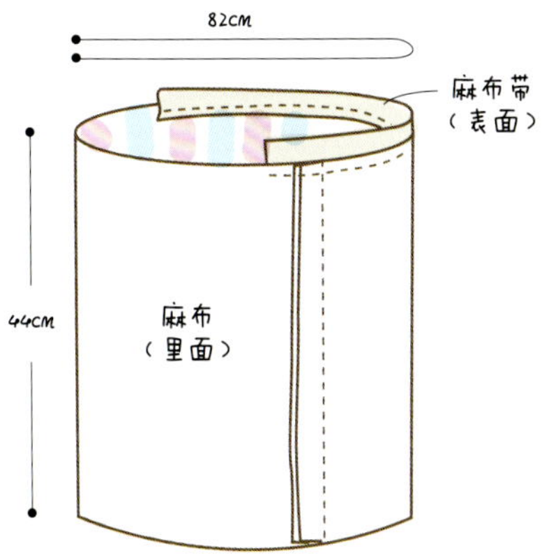

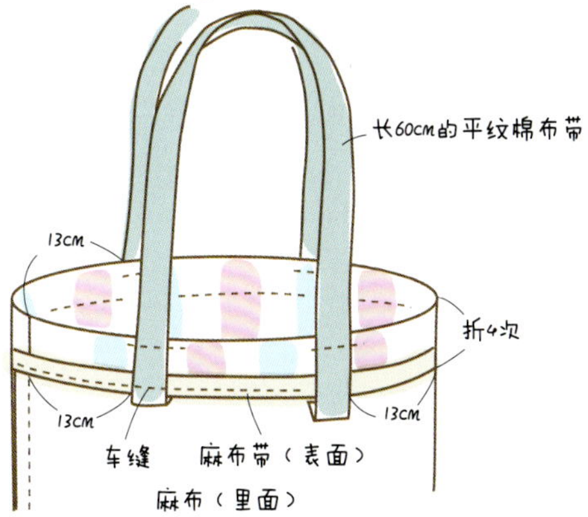

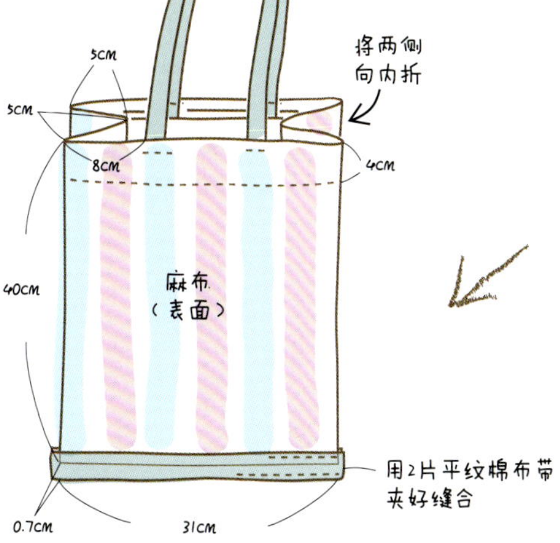

拼布包包

将漂亮的布块拼合在一起，再装点蕾丝花边和缎带，就变成了时尚优雅的包包。贴布图案是整体的亮点。

高44cm

制作方法参见P25

作品参见P24

拼布包包

实物大小的纸样参见纸样A面②

<材料>

拼布用印花布、红色和米色各适量
表布用米色麻布（C、D、F、后面）……90cm × 50cm
内袋用印花麻布……110cm × 55cm
花纹蕾丝布（白色）……35cm × 25cm
蕾丝、蕾丝花样、麻布带、花边、圆形纽扣、纽扣、串珠各适量
包口用宽4cm的蕾丝带……70cm
提手用宽0.7cm的皮革绳……120cm
刺绣线适量

<制作方法>

1. 用纱影拼布制作B和E部分。
2. 在G部分缝合麻布带和花边。
3. 用拼布拼接A~B部分。
4. 将蕾丝、蕾丝花样和串珠缝在主体上并刺绣。
5. 将前面和后面的表布对合，留出开口部分缝合四周。
6. 按图上标记分别在4处折缝，将蕾丝带缝合在包口。
7. 缝内袋，并放入主体中缝合。
8. 将提手夹在包口的开口处，将扣袢夹在中心，缝合包口边缘。

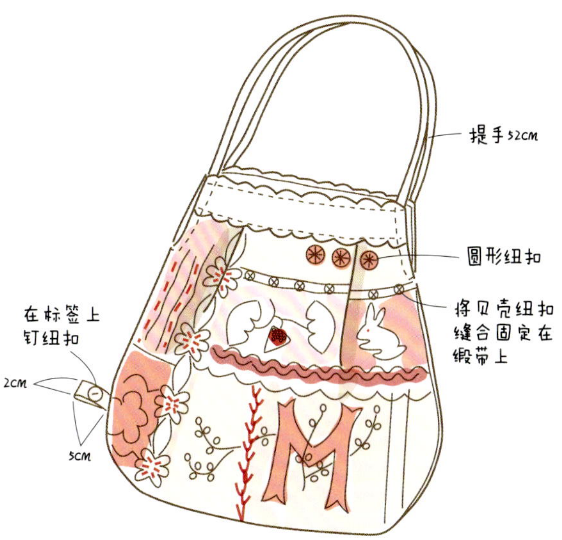

纱影拼布的方法

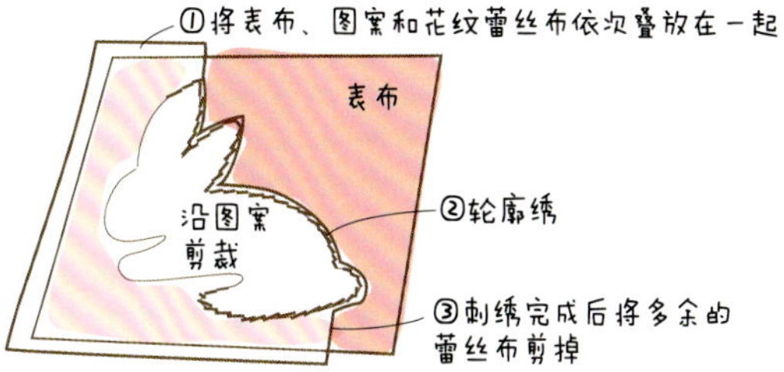

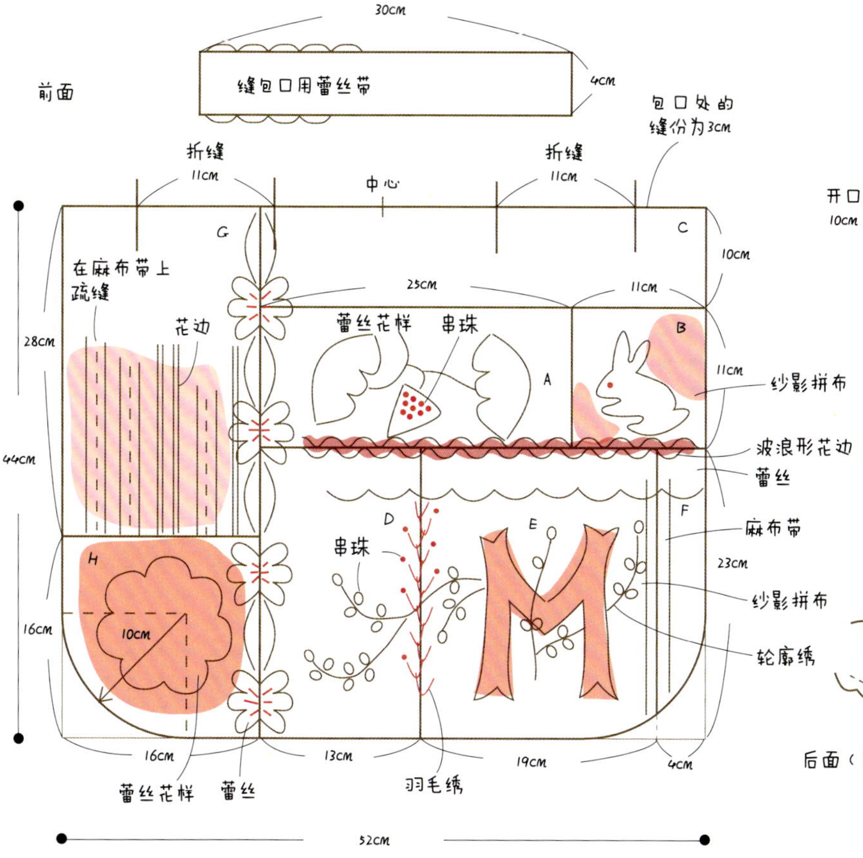

※后面和内袋的尺寸与此相同

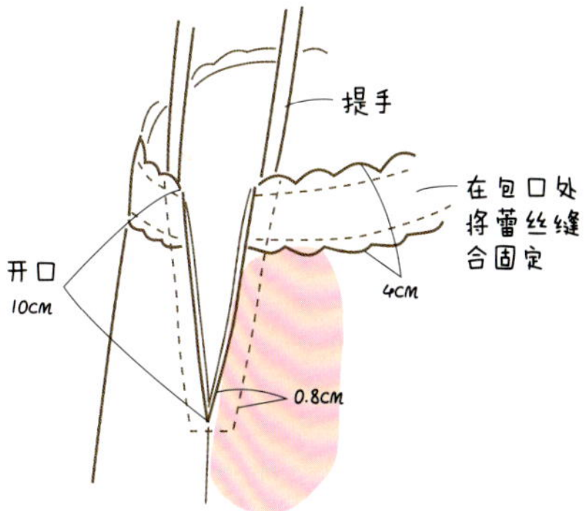

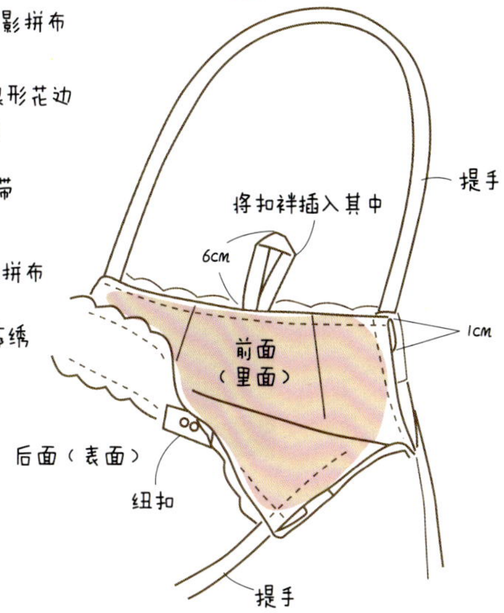

我的收藏 /

我与纽扣的相遇

爱上纽扣要从好多年前开始算起了，
那是现在说起来都让人觉得好笑的蜜月旅行里的故事。

那是在英国的旅行，一排排的纽扣小店里堆放着如山的纽扣，
老公担心我们会将整天的时间都花在纽扣堆里。
纽扣很便宜，在挑选和购买的时候没有一点点的负担。

结果真的如老公预料的那样，
我们的欧洲旅行只进行了一半，就提着35公斤的纽扣回国了。

买了大量不同款式的纽扣放在大玻璃罐子里，既是美好的回忆，又是得心应手的材料。

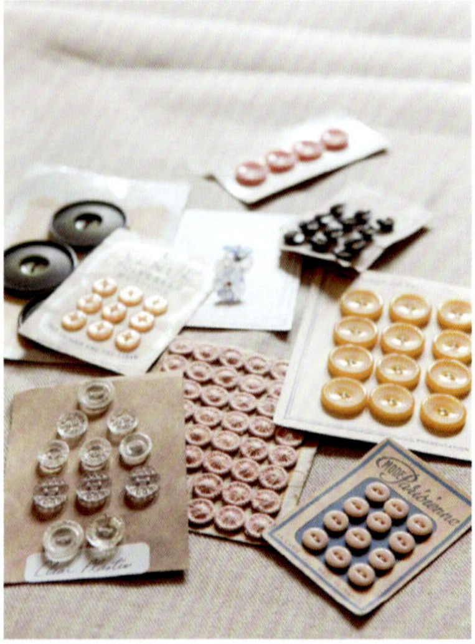

海外的纽扣每款都非常时尚，将它们就那样放进箱子里，时不时地拿出来欣赏一下。

第二部分

有纽扣陪伴的日子

在日常的居家生活中，纽扣也是非常不错的装饰品。只要你善于创造，就能充分享受纽扣装饰带来的快乐！

Frame

纽扣装饰出的家居生活

将它们收藏起来未免有些可惜。摆在最显眼的地方装饰，才能让大家都感受到它们的魅力。

将漂亮的纽扣装裱起来，再稍微添加一点点刺绣，就是非常漂亮的装饰品啦！不一样的颜色搭配就有不一样的感觉。

14.5cm × 21cm

简单地装饰一下纽扣，
再与蕾丝组合到一起，加框
以后完美的壁饰就完成了。
各16cm×23cm

Suchnummern

将法国的裁缝纸样作为背景，装点上复古气息浓郁的纽扣，古香古色的完美工艺品就诞生了。

22cm × 27cm

作品参见P28~P29

相框艺术品

<材料>

相框……1个
布……较相框挡板的四周宽2~3cm的麻布
蕾丝、花边、纽扣、刺绣线各适量
丙烯颜料（白色）、刺绣线适量

<制作方法>

1. 用白色（或自己喜欢的颜色）丙烯颜料涂抹相框。
2. 在布上进行刺绣，并缝合固定蕾丝花边和纽扣。
3. 将步骤2中制作好的作品装入像框装裱好。

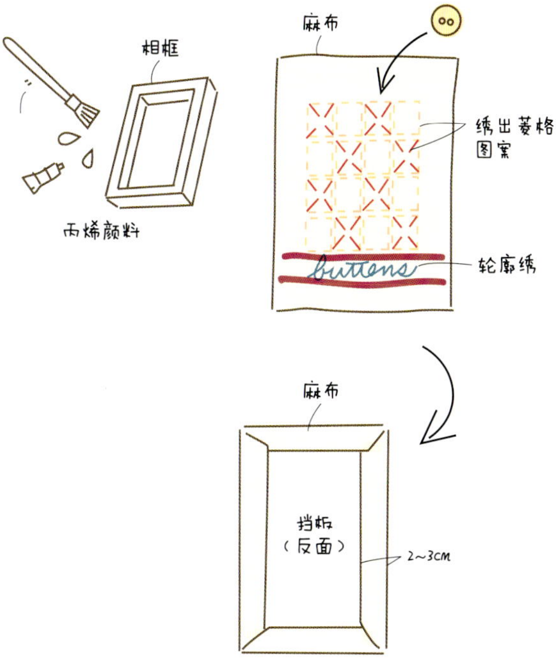

Sawing

缝纫工具上的纽扣独角戏

缝纫工具与纽扣当然是关系最密切的朋友。用心制作每日都能够与我们相伴的缝纫工具吧！

针插

a

纽扣簇拥下的可爱花朵旁，还停着一只正在休息的小虫子。

直径9cm

制作方法参见P34

c

在蕾丝花边的中心点缀一颗精致的纽扣，意味深长。

直径6.5cm

制作方法参见P35

b

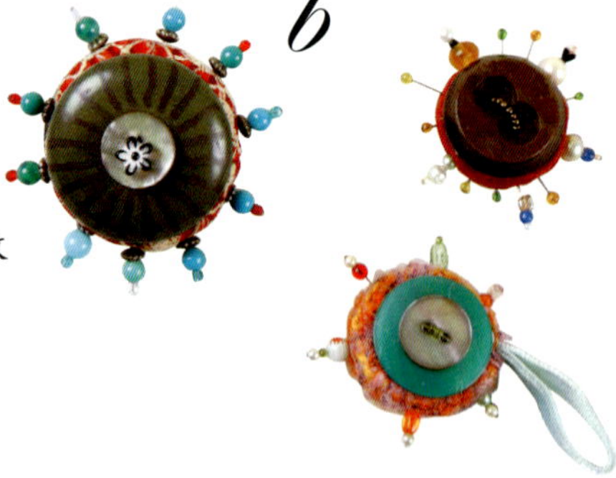

用2颗大大的纽扣就能做出造型独特的针插来。

直径4.5cm、直径3.5cm、直径3.5cm（从左侧起）

制作方法参见P34

d

在微型的小花篮里放满羊毛和绒球，一切全部搞定！

各高9cm

制作方法参见P37

e

为了保证手缝针的锋利，针插中的填充物也是非常有讲究的。可以将带有少量油脂的羊毛或是掺有香草的棉花填充在其中，混入一些蜡烛的碎末也是非常不错的选择。

f

买来可爱的木质工艺品，塞入羊毛球就完成啦！
高9cm
制作方法参见P35

g

还有像这些宛如美味甜点的可爱针插！
直径4cm
制作方法参见P34

h

碎布块、串珠和蕾丝花边都是大家的最爱！
10cm×14cm
制作方法参见P34

g

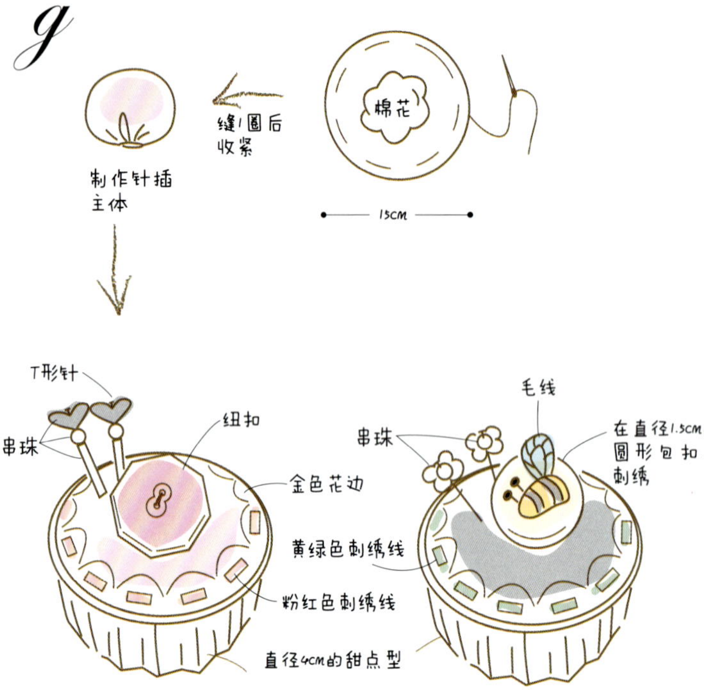

棉花
15cm
缝1圈后
收紧
制作针插
主体
T形针
串珠
纽扣
金色花边
黄绿色刺绣线
粉红色刺绣线
直径4cm的甜点型
毛线
串珠
在直径1.5cm的
圆形包扣上
刺绣

h

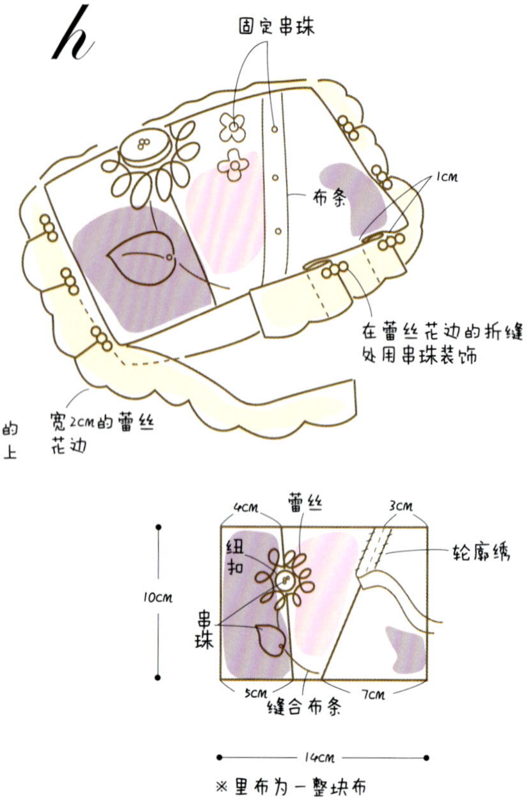

固定串珠
布条
1cm
在蕾丝花边的折缝
处用串珠装饰
宽2cm的蕾丝
花边
4cm
蕾丝
3cm
纽
扣
轮廓绣
10cm
串
珠
5cm
7cm
缝合布条
14cm
※里布为一整块布

b

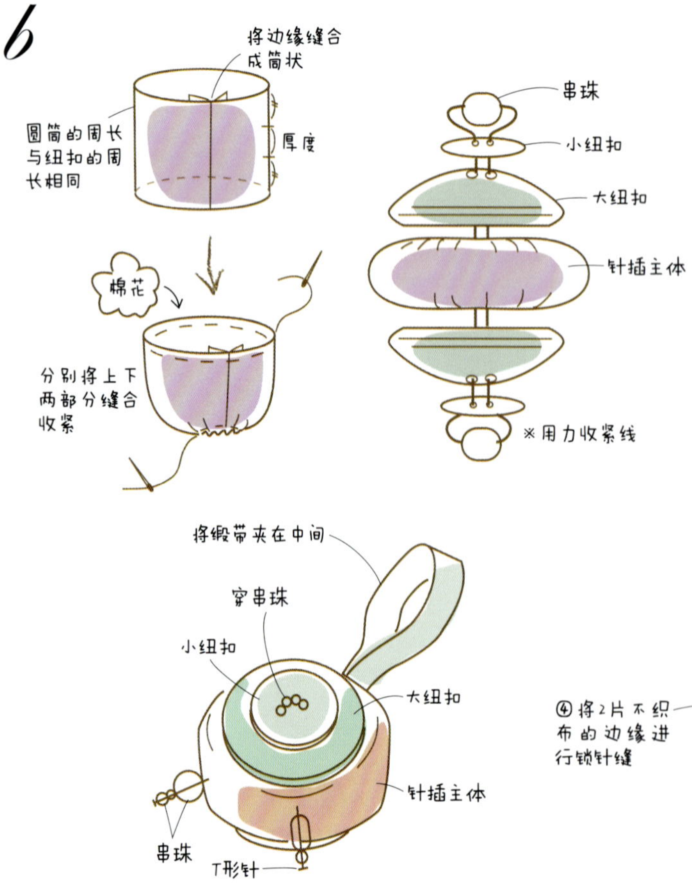

将边缘缝合
成筒状
圆筒的周长
与纽扣的周
长相同
厚度
棉花
分别将上下
两部分缝合
收紧
串珠
小纽扣
大纽扣
针插主体
※用力收紧线
将缎带夹在中间
穿串珠
小纽扣
大纽扣
针插主体
串珠
T形针

a

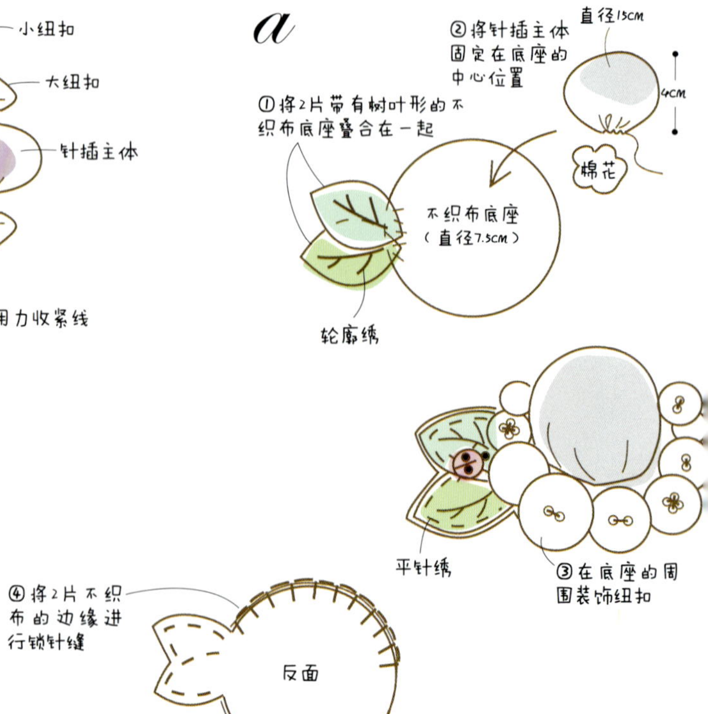

②将针插主体
固定在底座的
中心位置
直径15cm
4cm
①将2片带有树叶形的不
织布底座叠合在一起
棉花
不织布底座
（直径7.5cm）
轮廓绣
平针绣
③在底座的周
围装饰纽扣
④将2片不织
布的边缘进
行锁针缝
反面

f

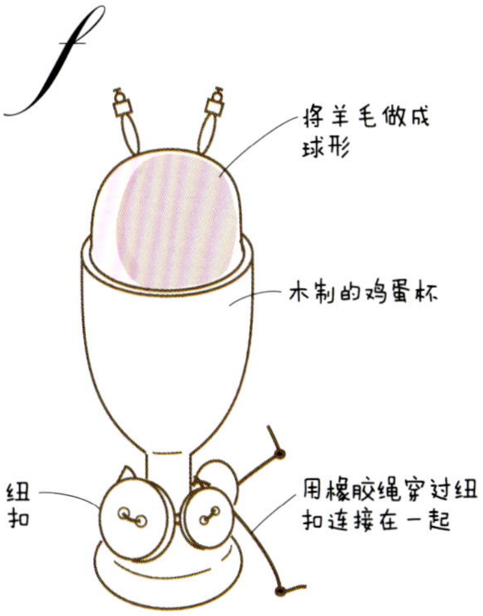

羊毛做成球形的方法

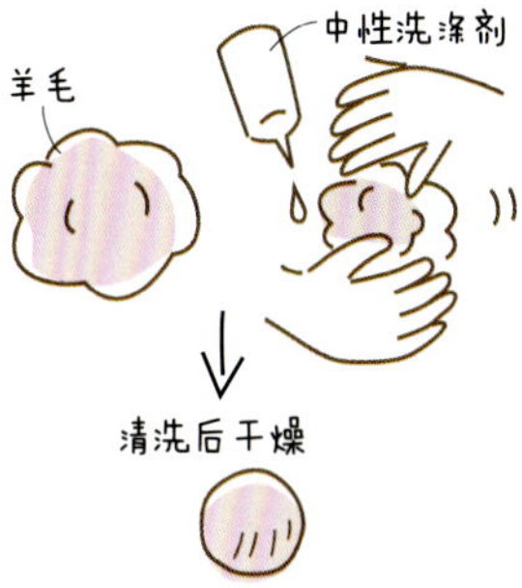

e

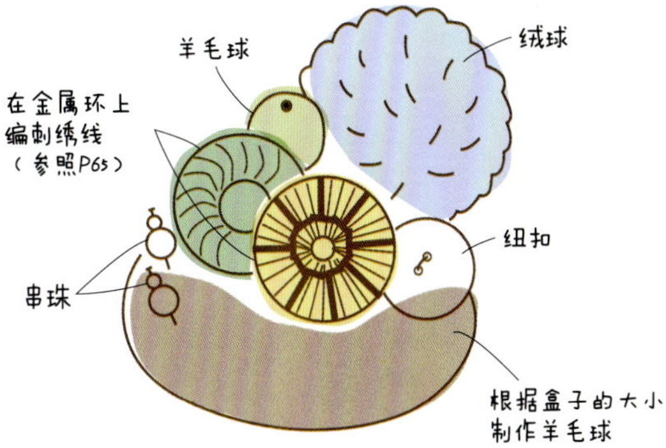

d

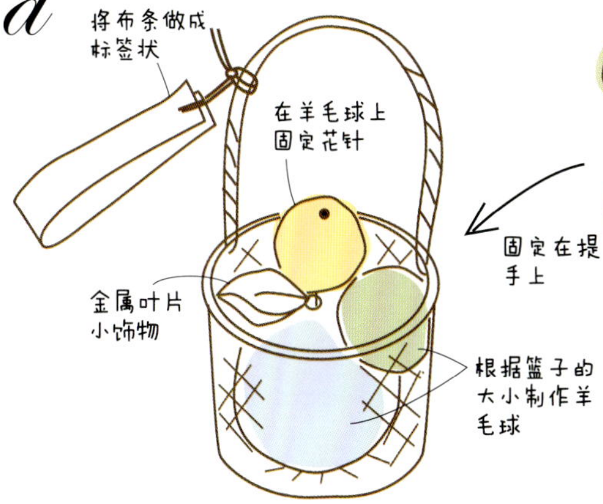

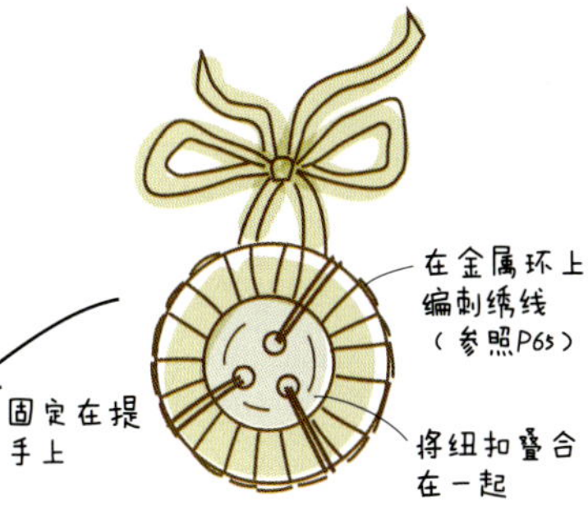

绒球的制作方法

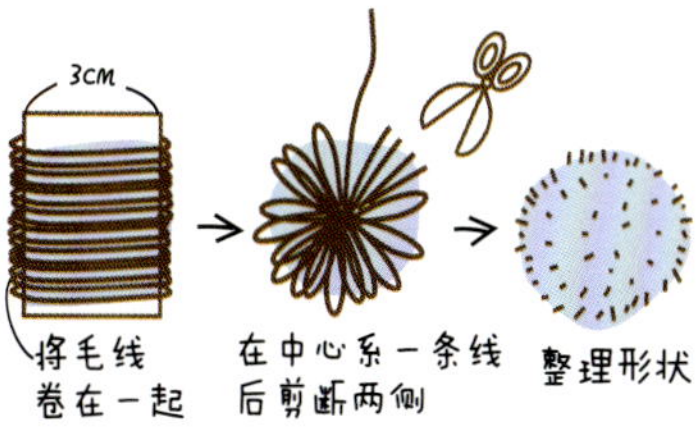

c

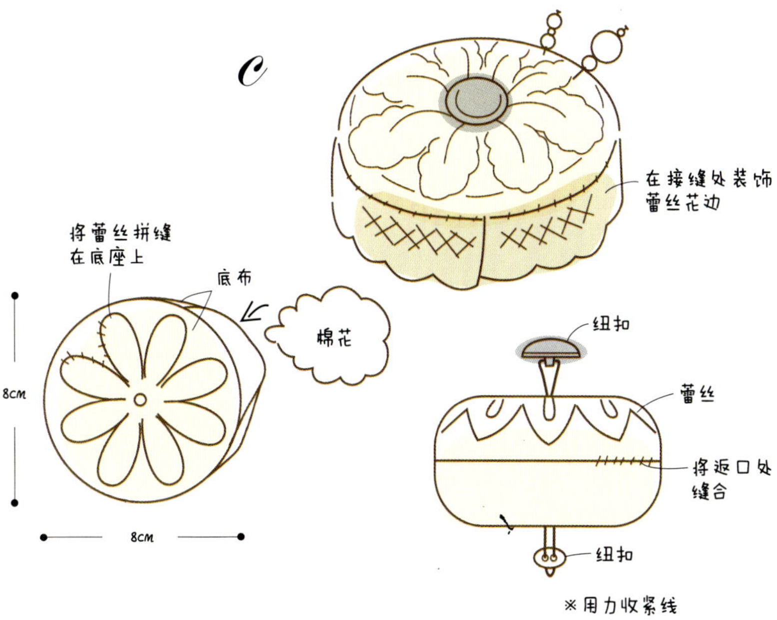

花针的制作方法

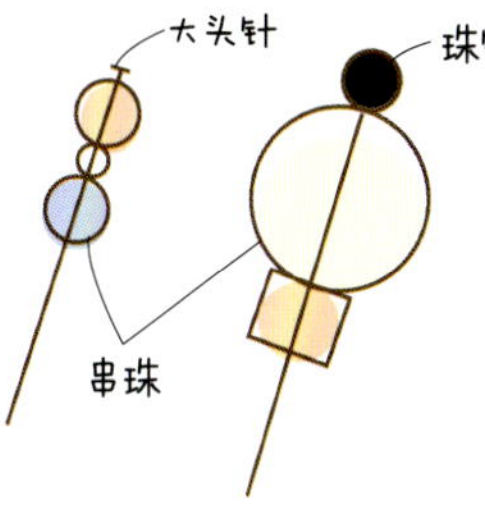

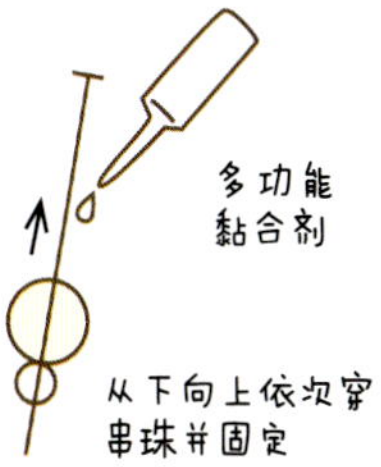

针线包

卷尺

可以将针线和水溶笔收纳在里面。

在卷尺的前端固定一枚纽扣，超级精致。

让人联想起维多利亚女王，时尚又方便携带的针线包。用蕾丝和缎带装点出的精致卷尺。

包包的高度11.5cm、卷尺的直径5.5cm

制作方法参见P37

作品参见P36

针线包

实物大小的纸样参见纸样B面⑨、⑩

<材料>

拼布用碎布块……各适量
D、后面、提手用的印花布……40cm × 20cm
里布、针插主体用印花布……50cm × 35cm
黏合衬……30cm × 50cm
纽扣、串珠、刺绣线……各适量
宽1cm的插笔布条……20cm
直径0.3cm的橡皮绳……10cm

<制作方法>

1. 将A、B部分粘贴黏合衬，拼布后与后面缝合在一起。
2. 在前面上装饰纽扣、串珠并进行刺绣。
3. 在里布上粘贴黏合衬，分别制作口袋a和b。
4. 分别将口袋a和b车缝到主体上并刺绣。
5. 将主体和里布叠合，将提手和橡皮绳夹在中间留出返口缝合四周。
6. 翻回正面后缝合返口，在口袋的底部进行车缝。
7. 制作针插，并固定在包包中心处。并将插笔用的布条缝合在主体上。

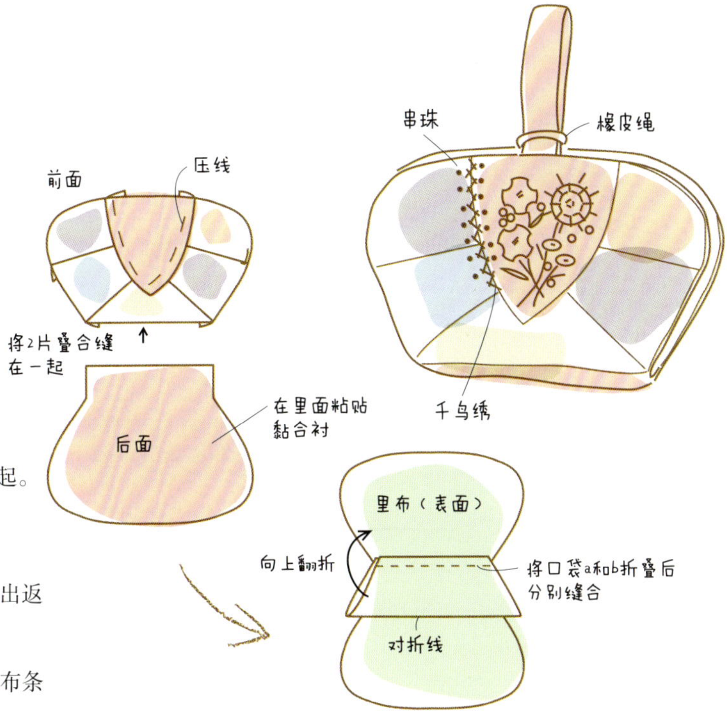

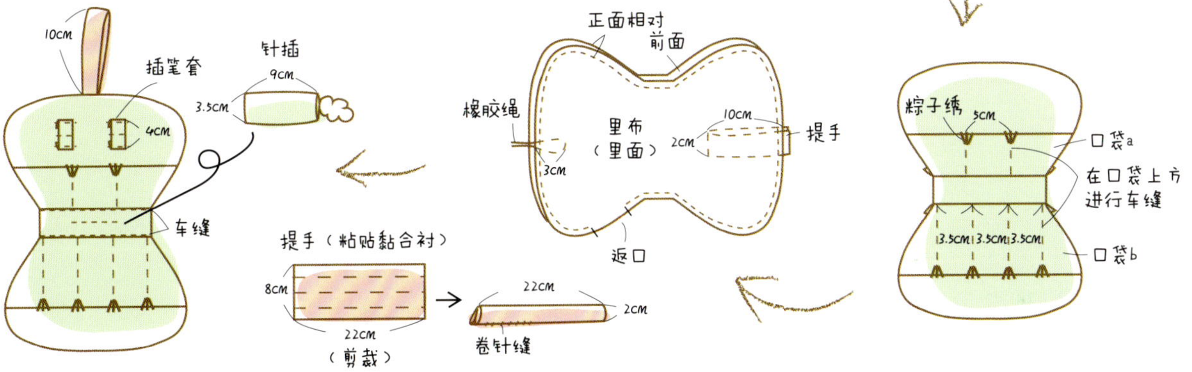

卷尺

<材料>

卷尺……1个
蕾丝布、麻布……各15cm × 10cm
C形环……2个
T形针……2个
蕾丝布条、茶色布条、纽扣、串珠、
金属亮片……适量

<制作方法>

1. 将蕾丝布用黏合剂粘贴在麻布上，留出0.5cm的缝份进行剪裁。
2. 在蕾丝布上装饰串珠。
3. 分别在卷尺的上面和下面粘贴蕾丝布（不要将黏合剂涂抹在卷尺的中心处）。
4. 将上下2片蕾丝布缝合固定在一起。
5. 将蕾丝布条与茶色布条叠合粘贴到一起，并缝合在卷尺侧面。
6. 在卷尺的前端穿过C形环，并装饰串珠和纽扣。

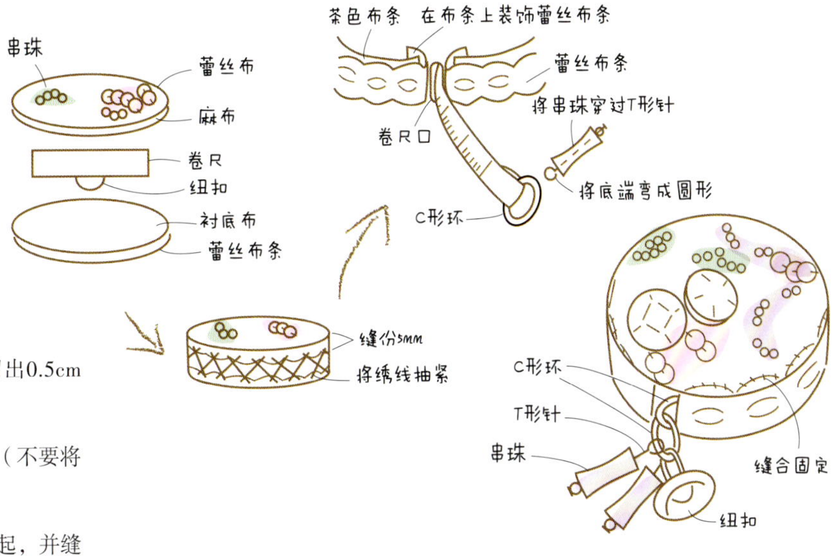

Daily

每日生活中的小杂货与纽扣

不仅仅是可爱，这些日常的手作也是你的好帮手哟！

围裙

不用系绳的围裙。有客人突然来访时也可以穿在身上，方便又好看！

长59.5cm

制作方法参见P40

采用了能够代替系绳的树脂材料放在腰间，清洗的时候抽出即可。

筷子袋

将大块的方巾或手绢缝合成三角形，就能制作出休闲味十足的筷子袋。

长25cm~30cm

制作方法参见P41

只要将边缘简单地缝合处理一下就可以了。

作品参见P38

围裙

<材料>

压纹布……80cm × 60cm
穿围裙腰带用的布……80cm × 10cm
宽3cm的斜纹布条……190cm
印花布……8cm × 10cm
纽扣、串珠、镂空金属托、刺绣线……各适量
宽1.5cm、长75 cm的围裙腰带……1根

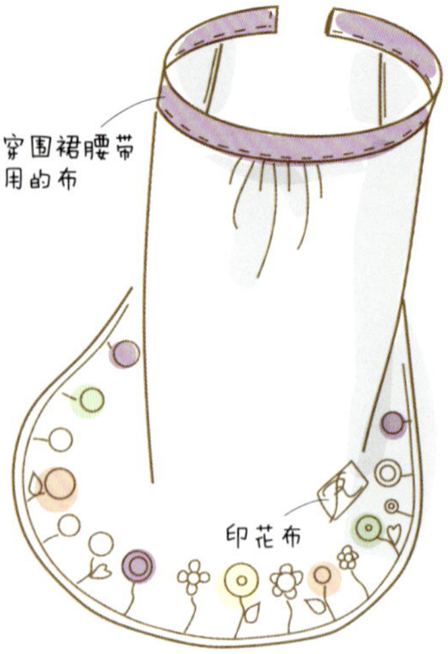

<制作方法>

1. 剪裁主体部分，用斜纹布条进行包边。
2. 用纽扣、串珠和镂空金属托装饰围裙并在围裙上进行刺绣。
3. 将印花布装饰在围裙上。
4. 制作穿围裙腰带的布套。
5. 在围裙的主体中间缝出褶皱。
6. 将穿围裙腰带的布套车缝到围裙主体上。
7. 将围裙腰带穿入布套中。

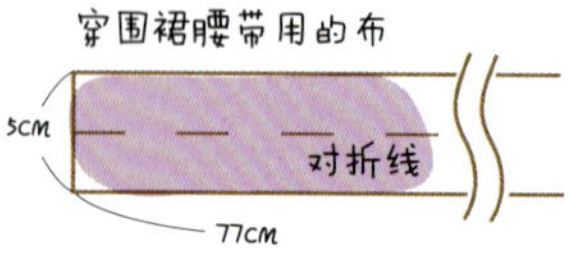

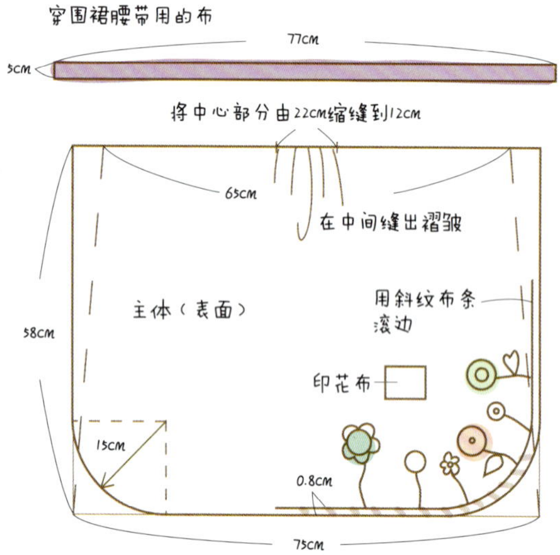

※剪裁出围裙的主体部分

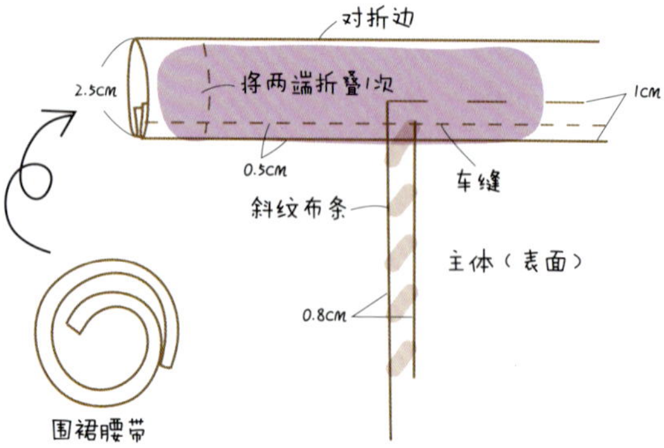

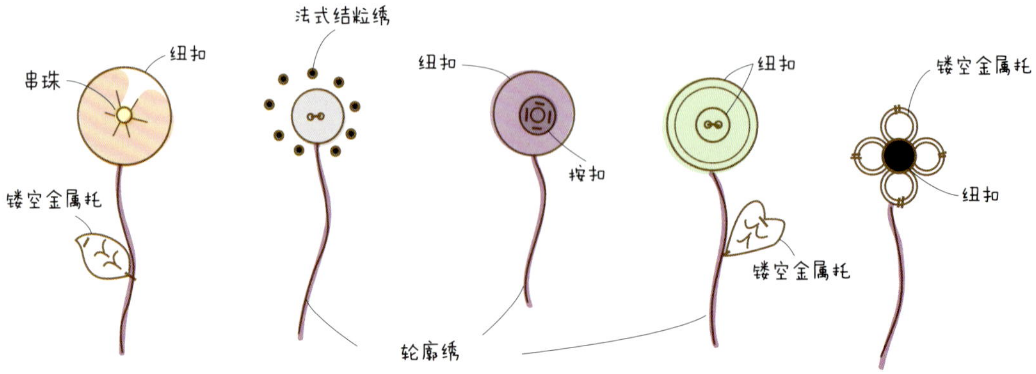

将纽扣叠在一起制作花朵。

闪亮的纽扣像花朵一样鲜艳。

将不同颜色的三种纽扣叠放在一起。

将蕾丝和纽扣叠压在一起。

作品参见P39

筷子袋

<材料>

边长50cm~53cm的方巾（或手绢）……1块
宽0.2cm~0.4cm的系绳……25cm
直径2cm~3cm的花式纽扣、素纽扣……各1个
刺绣线……适量

<制作方法>

1. 将方巾沿对角线对折，并将两边用平针缝缝合。
2. 将一侧的角折向中心并车缝。
3. 缝合系绳后钉纽扣。

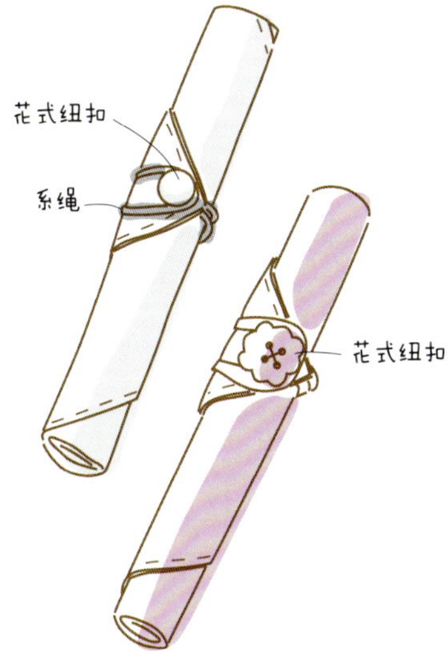

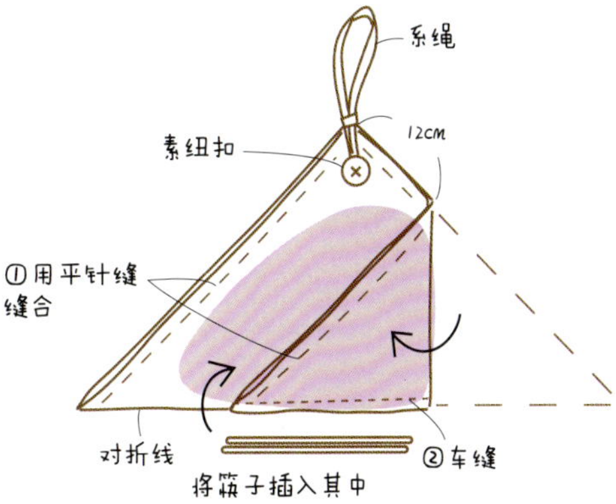

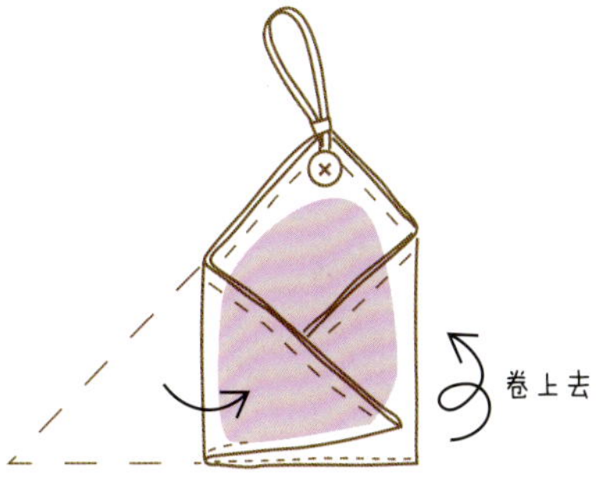

夏日的花环与相框工艺品

收集带有清凉感的素材制作出各种各样能够装饰房间的工艺品。

银色的纽扣、透明的纽扣以及贝壳和珊瑚花……

小金鱼的卡片也是自己亲手做的哟！

相框22cm×17cm、花环直径16cm

制作方法参见P44

秋日的花环

将秋日的果实组合在一起，刚好与秋日的主题契合。

使用的纽扣为木质的复古纽扣，也具有浓浓的秋意。

21m×24cm

制作方法参见P45

作品参见P42

夏日的花环

<材料>

外径13cm的塑料圆环……1个

宽3.5cm的蕾丝缎带……35cm

装饰用纽扣、串珠、人造仿真花、#28白色金属线、黄铜金属线……适量

<制作方法>

1. 将纽扣、串珠、人造仿真花等用金属线缠绕在塑料圆环上。
2. 将蕾丝缎带缠绕在塑料圆环上。

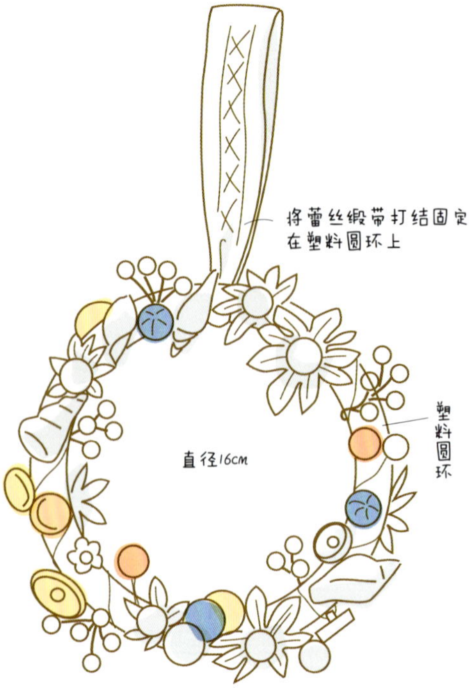

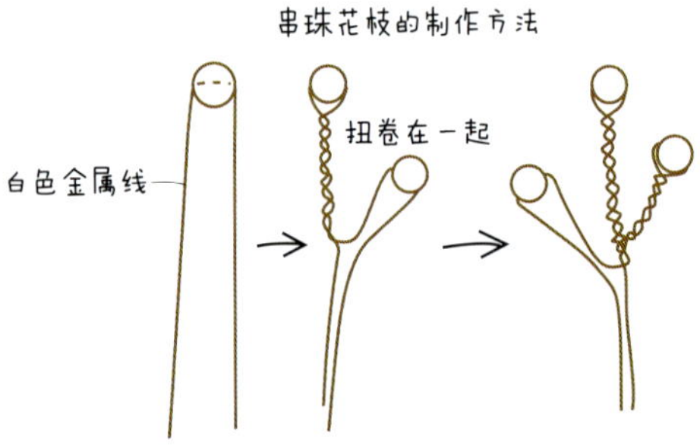

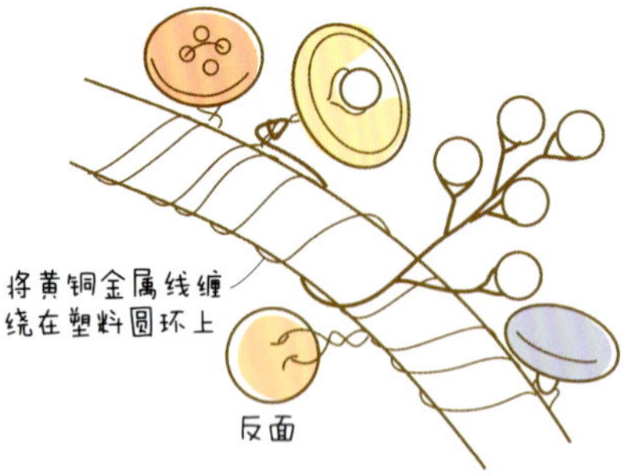

作品参见P42

相框工艺品

实物大小的纸样参见纸样B面⑪

<材料>

外框22cm×17cm的木质相框……1个

和纸……18cm×13cm

直径1.2cm的贝壳纽扣……1个

直径1.3cm~18cm的金属纽扣……14个

白色玻璃纸、彩纸、蕾丝、系绳、金属纽扣、刺绣线、白色丙烯颜料、多用途黏合剂……各适量

<制作方法>

1.用白色丙烯颜料涂抹木质相框。

2.将和纸剪裁至相框挡板大小并粘贴蕾丝、彩纸等。

3.在玻璃纸上描写英文后用法式结粒绣固定在和纸上。

4.在相框的边缘粘贴金属纽扣。

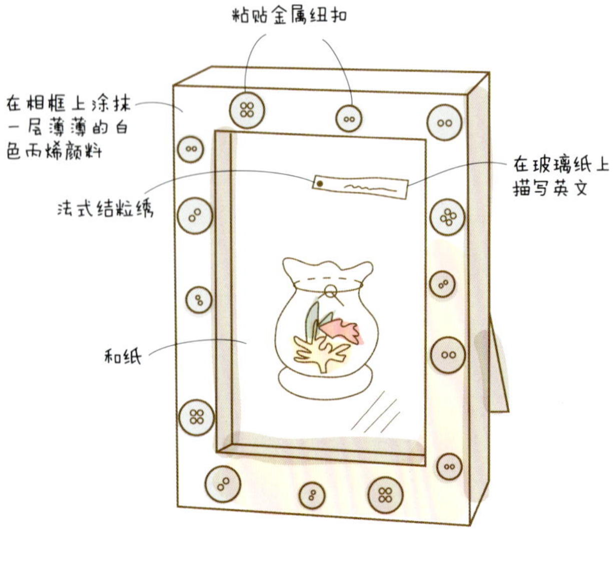

作品参见P43

秋日的花环

<材料>

宽1.5cm麻质缎带……100cm

藤蔓、装饰缎带、木果实、纸绳、#22、#24金属线……适量

<制作方法>

1. 将藤蔓卷在一起，制成椭圆形，并用纸绳固定藤蔓。
2. 用金属线固定木果实及纽扣，缠绕在藤蔓上。
3. 用麻质缎带缠绕藤蔓。
4. 将纸绳固定在上方。

用金属线固定饰物的方法

藤蔓的卷法

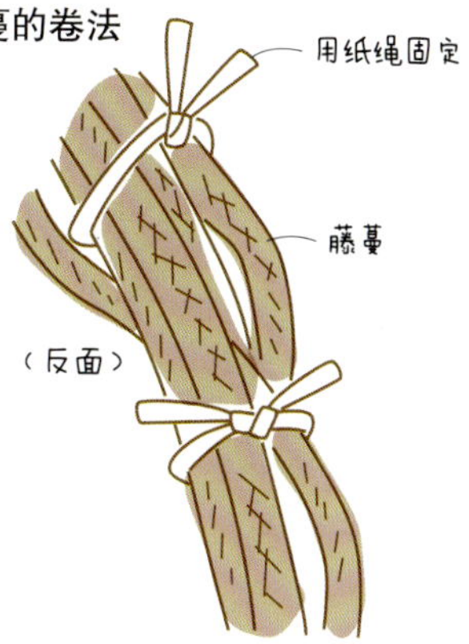

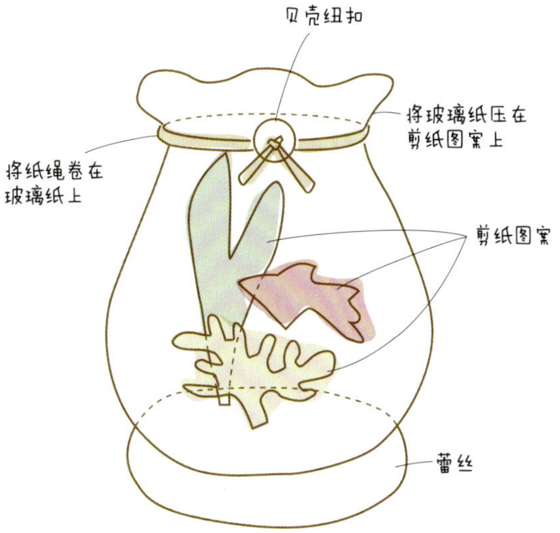

麻绳窗帘饰品

手作的窗帘饰品装饰在自然风十足的房间中，优雅清新。将纽扣组合在一起，像花儿一样精致。

长49cm

制作方法参见P47

作品参见P46

麻绳窗帘饰品

<材料>

直径0.7cm的麻绳……500cm
直径1.2cm的贝壳纽扣、宽1.2cm的心形纽扣……各8个
直径0.7cm的贝壳纽扣、直径2cm的 8孔纽扣……各2个
0.9cm × 1cm的纽扣……1个
羽毛……1根
串珠、刺绣线……各适量

<制作方法>

1. 将麻绳在长18cm的纸板上缠绕10圈。
2. 将麻绳取下，用剩余的麻绳从上端打死结。
3. 在距顶端4cm处缠绕几圈系好。
4. 将麻绳底端剪开，并将底端剪齐。
5. 用贝壳纽扣制作2个装饰花固定在麻绳上，并插入羽毛。

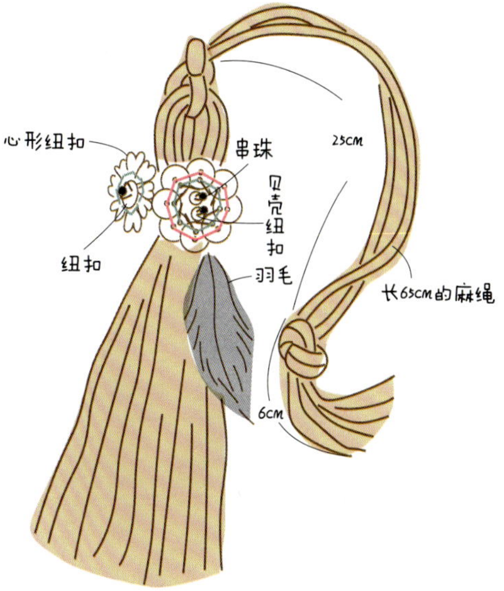

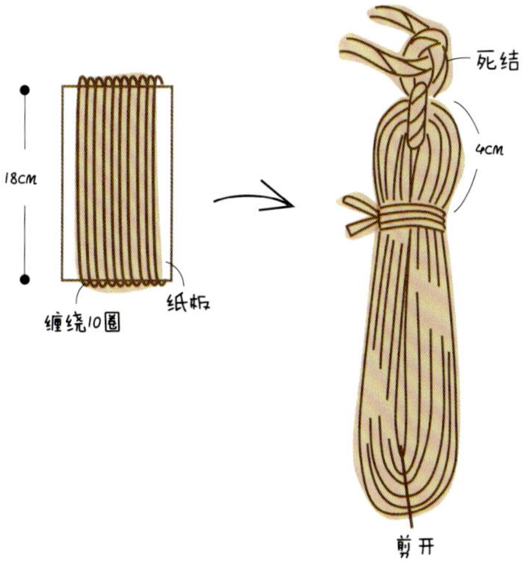

贝壳纽扣装饰花的制作方法

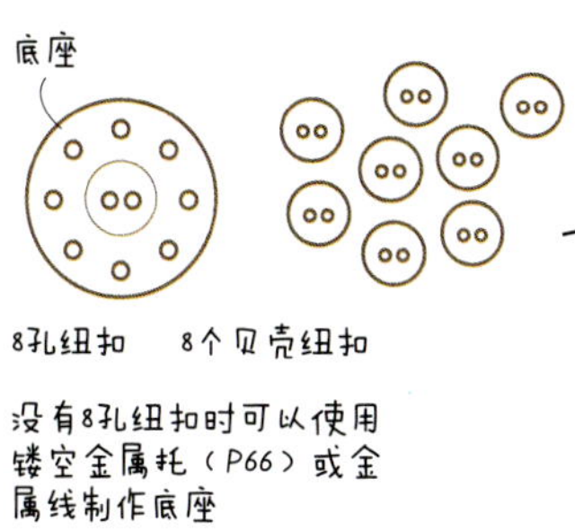

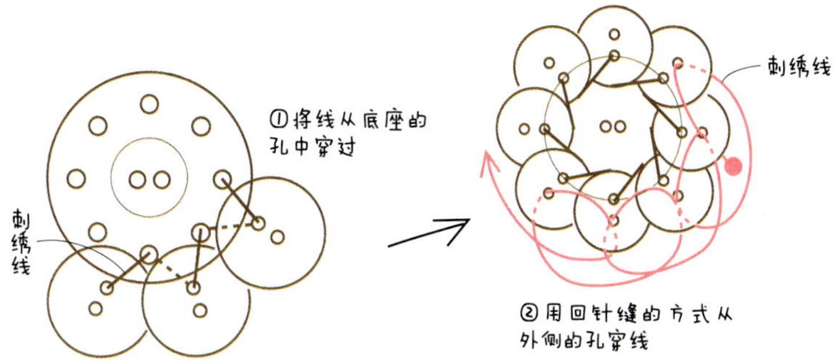

玻璃餐巾饰物

在偶尔一次的红酒烛光晚餐中，用通透感十足的装饰物装点出与众不同的品位。

内径3cm

<材料>

直径1.2cm的透明塑料串珠……约30颗
直径0.7cm的粉色玻璃串珠……约20颗
直径2.7cm的金属纽扣、直径2cm的金属纽扣……各1个
直径1.5cm的透明塑料串珠……2颗
#26金属线（茶色、银色）、缎带（茶色）……各适量

<制作方法>

1. 用金属线（茶色）穿过塑料串珠，每5颗用缎带（茶色）卷成一束，共做6束。
2. 将串珠错开卷成直径4cm的圈，用缎带（茶色）缠绕后，再用金属线（茶色）斜着缠绕。
3. 用金属线（银色）穿过玻璃串珠，将金属线扭结在一起。
4. 将步骤3中制作的玻璃串珠缠绕在步骤2中的圈上。
5. 将金属纽扣用金属线（银色）固定在步骤4中的圈上。

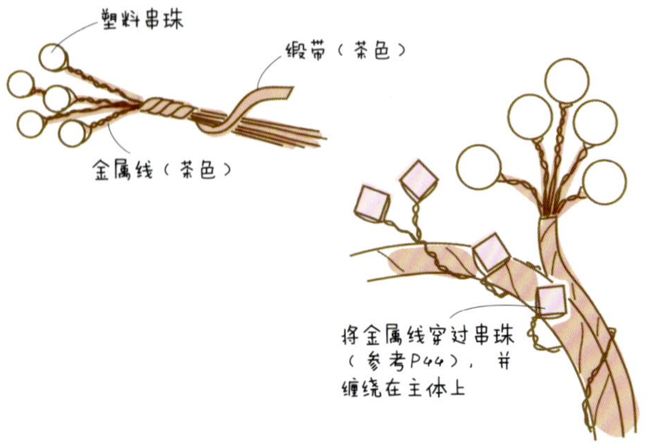

装饰吊灯

用玻璃等透明纽扣和原色及白色纽扣制作成的玻璃吊灯罩，优雅高贵。

高24cm

<材料>

直径15cm的金属篮子（白色）……1个

电灯、插座……各1个

纽扣、串珠、鱼线（粗）、#18的金属线……各适量

<制作方法>

1. 将篮子倒置，用鱼线将纽扣固定在篮子口的周围。
2. 将纽扣和串珠穿过鱼线做装饰，a（长17cm）和b（长10cm）各制作6条。
3. 将步骤2中的装饰固定到步骤1中篮子的下缘。
4. 将电灯穿过篮子的中心，并用金属线固定。

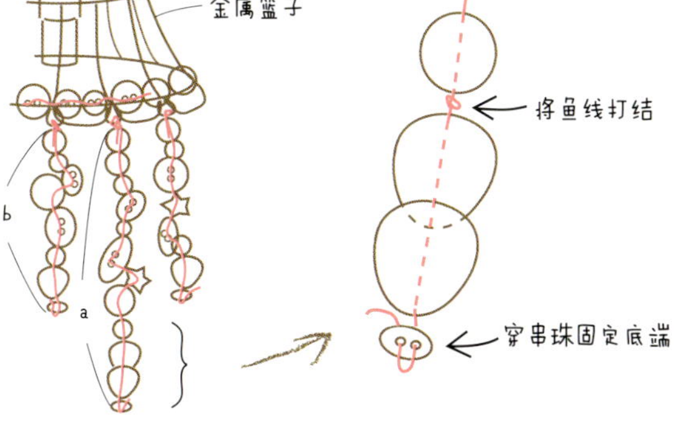

小型靠垫

设计感十足的小型靠垫，让居家的空间增加了时尚感。缎带的巧妙装饰恰到好处。

各16cm×18cm

制作方法参见P52

拼布书皮

用漂亮的布块缝制出结实又漂亮的书皮。书签下方装饰的纽扣，可爱又实用。

各33cm×16cm

制作方法参见P53

作品参见P50

小型靠垫

<材料>

底布（竖纹图案）……30cm × 20cm
里布……30cm × 20cm
缎带、花边、纽扣、串珠、蓬松棉、刺绣线……各适量

<制作方法>

1. 将底布沿竖纹图案剪裁至合适的大小，并用缎带和花边进行装饰。
2. 钉纽扣，并用刺绣线进行回针绣。
3. 将底布和里布表面对合，留出返口后缝合四周。翻回正面。
4. 塞入蓬松棉后缝合返口。

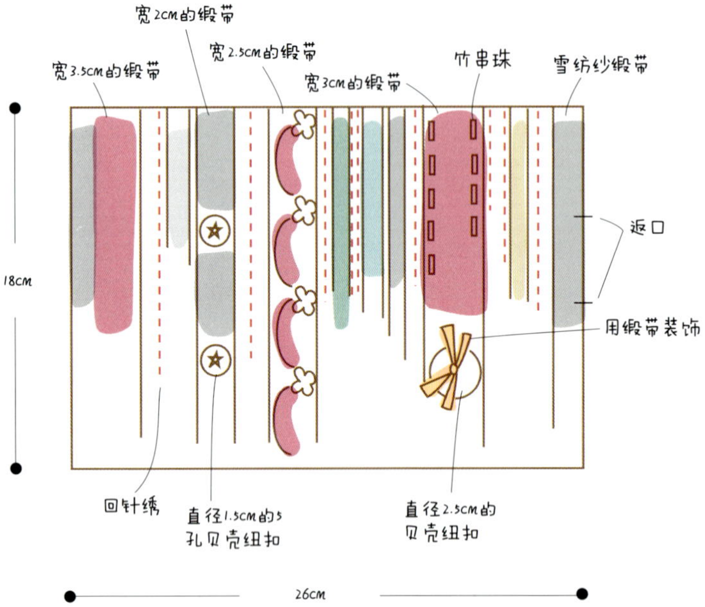

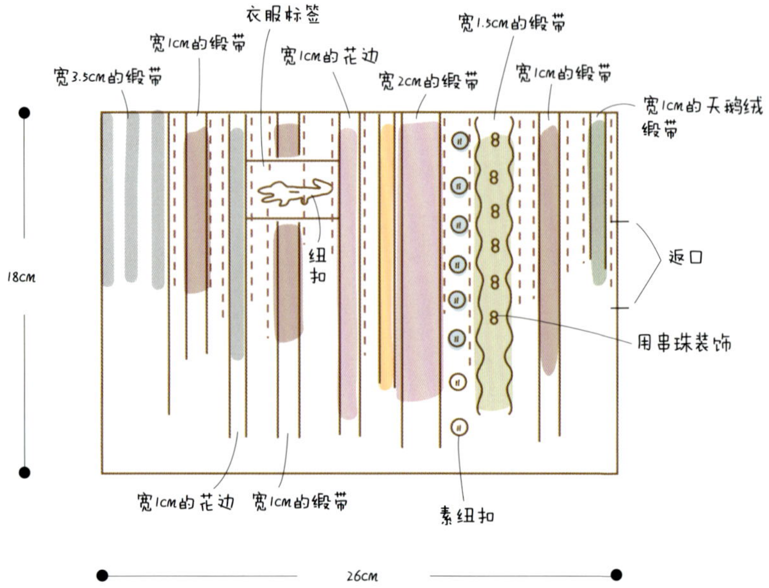

作品参见P51

拼布书皮

<材料>

表布用布块……适量

里布……40cm × 20cm

宽0.5cm的书签绳……25cm

直径1.1cm、1.3cm的纽扣……各2个

<制作方法>

1. 将布块剪裁后按图示拼接成大块表布。
2. 将表布和里布的正面对合、书签绳夹在中间，留出返口缝合四周后翻回正面。
3. 沿折线向内侧折，将周围车缝。

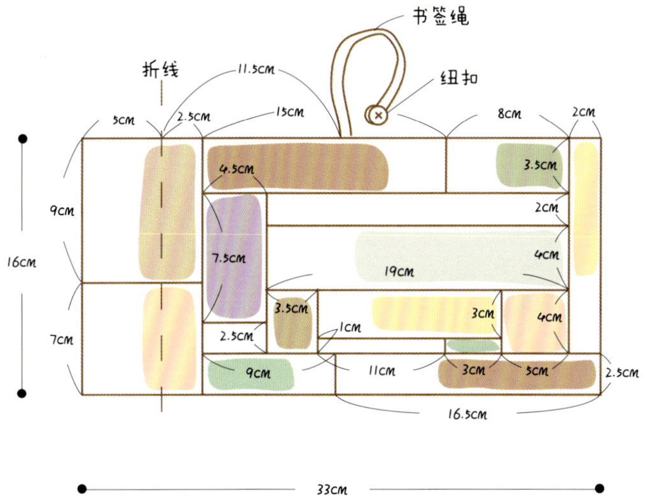

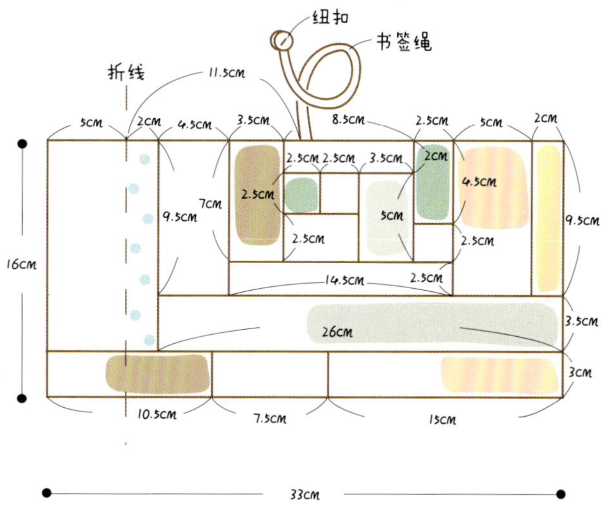

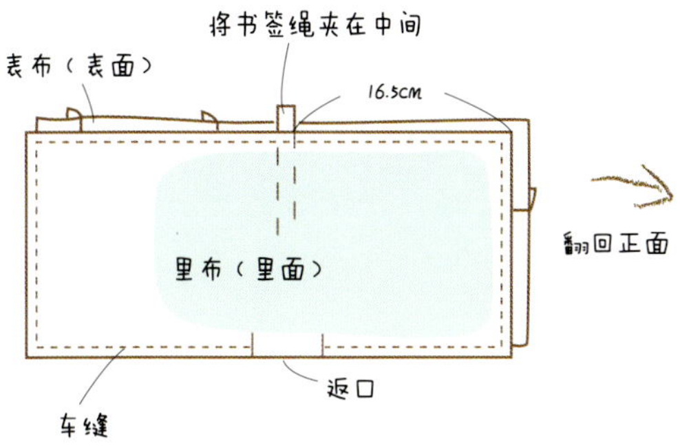

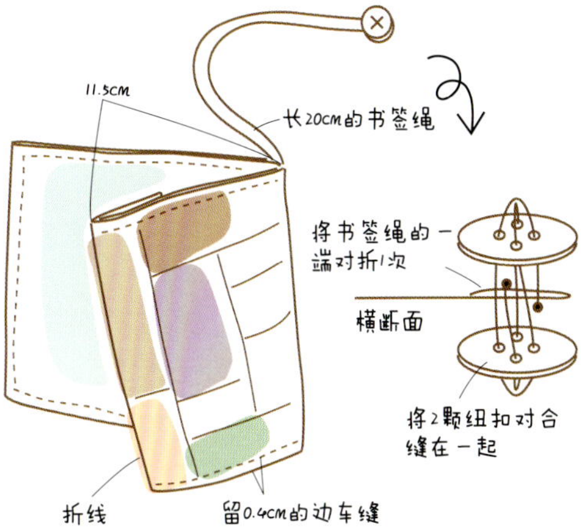

各种小包包
钥匙环

用不织布制作的钥匙环和使用非常方便的口金包，超级可爱。制作成各种大小的包包，可以收纳任何身边的物件。

长款：高18cm

短款：高12.5cm

制作方法参见P55

作品参见P54

各种小包包

实物大小的纸样参见纸样B面⑫、⑬、⑯

<材料>

制作贴布和Yo-yo扣的布块……适量
表布（前面、后面）……30cm×20cm
包口布……15cm×20cm
内袋布……30cm×20cm
直型口金……长8cm1个
花边、纽扣、刺绣线、皮革……各适量

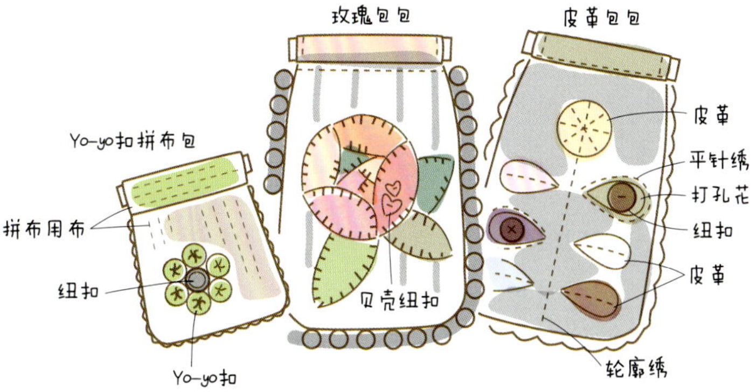

<制作方法>

1. 在前面的表面贴布后钉纽扣。
2. 剪裁一块与前面同样大小的布块作为后面。
3. 将包口布缝合固定在前后2片表布上。
4. 将前后2块表布的正面对合在一起，将花边夹在中间后缝合周围。
5. 缝制内袋，与表布缝合固定在一起后翻回正面。
6. 将直型口金固定在主体上。

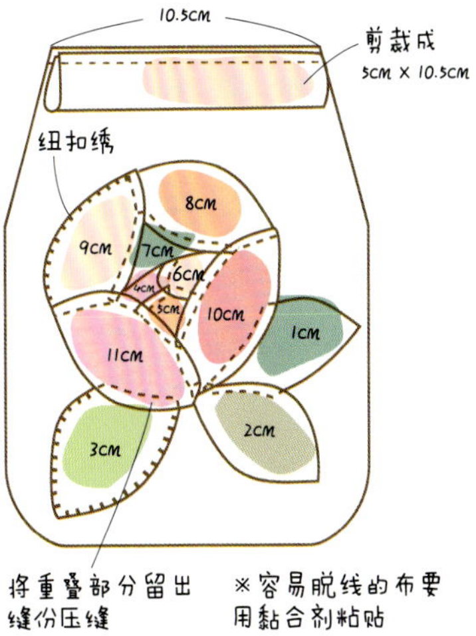

制作包口布的方法

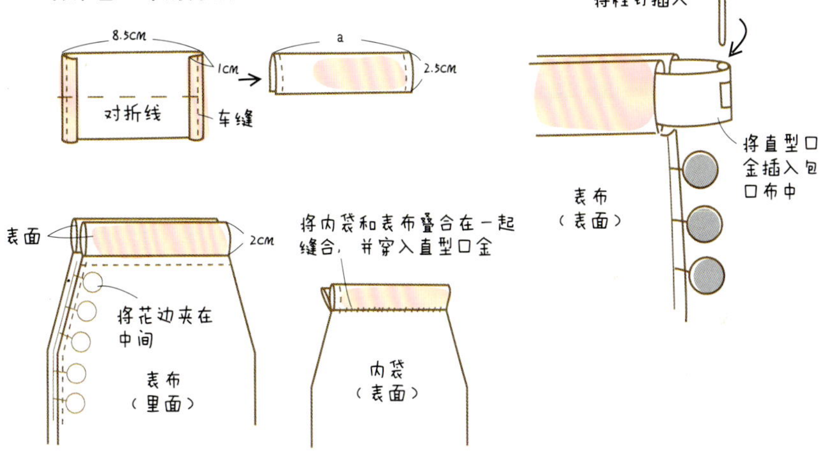

钥匙环

实物大小的纸样参见纸样B面⑭、⑮

<材料>

不织布（4色）……各适量
布块……2cm×10cm
直径1.5cm和直径2cm的纽扣……各1个
串珠……4颗
钥匙扣……1个
直径0.3cm的皮革绳……20cm
#28的金属线……适量

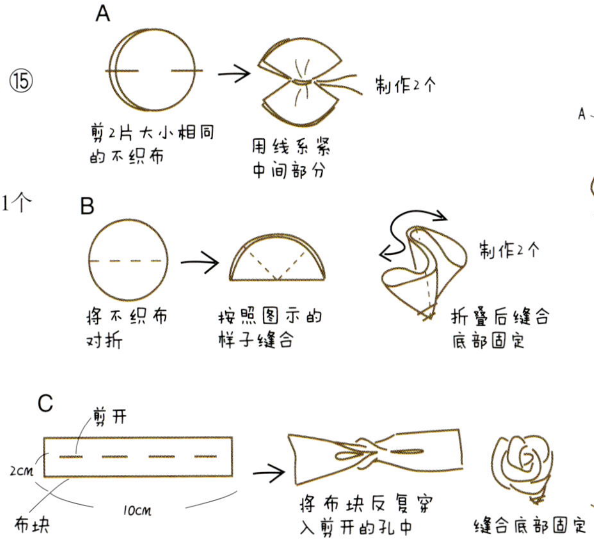

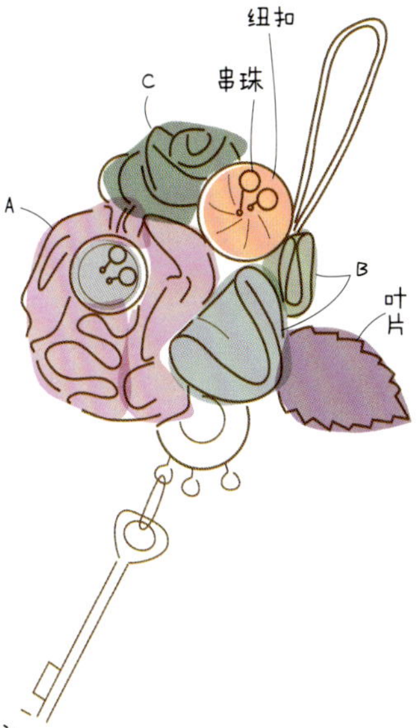

<制作方法>

1. 用不织布制作花朵和叶片。
2. 用布块制作花朵。
3. 将花朵和叶片用线和钥匙扣固定在一起，并装饰串珠和纽扣。

我的收藏 2

最宝贵的纽扣们

10年前，
我遇到了特别有名的纽扣收藏家
当间易子小姐。
很有幸地看到了她的收藏。

美丽的意大利和法国纽扣，
每一颗都宛如宝石般闪亮耀眼。
从那以后，
纽扣更成为我梦中之物。

对于酷爱手作的我来说，
纽扣不仅仅是收藏起来的宝贝，
更是手作中的美好素材。
具有100年以上历史的纽扣，
每一颗都散发出悠远的意义。

这些是最近才开始流行起来的用捷克玻璃打造的纽扣。由于加入了很多复古元素，所以整体都散发出久远的味道，好像带我们回到了书中曾经有过的年代。

背面上色的纽扣。

贝壳纽扣

如果仔细寻找贝壳纽扣的话，也会发现不少惊喜。从不同的角度观察贝壳纽扣，就能看到不一样的彩色光芒，那是塑料所不能及的魅力。

木质纽扣

木质纽扣的自然古朴是其他纽扣所不具备的。纽扣上随手点画的图案，总会给人带来与众不同的新鲜感。

金属纽扣

从若干年前的意大利设计展中出现，一直发展到今天。让人不禁想将串珠和它们组合起来，做成各种饰品戴在身上，提升整体的华美感觉。

第三部分

亲手制作纽扣吧

用布和粘土打造这个世界上只属于自己、独一无二的纽扣吧！

Button
圆形包扣

用自己喜爱的布块制作布包扣，再与刺绣结合在一起，就能轻松做出创意十足的花朵造型。将想象中的画面亲手制作出来，正是手作的乐趣所在。

怎样制作

—使用包扣工具—

使用网店上卖的包扣工具，就能轻轻松松做出漂亮的布包扣哟！

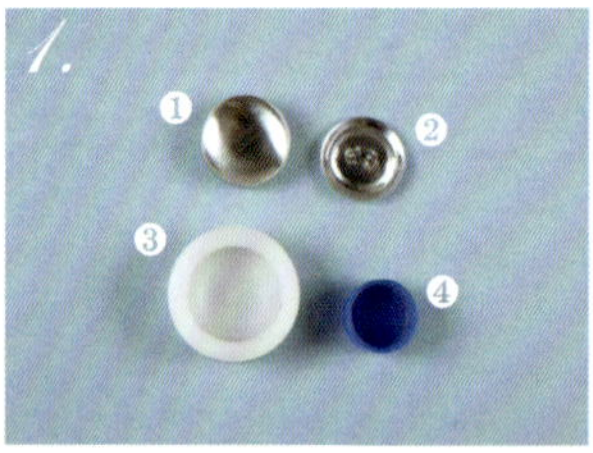

准备一套包扣工具：①裸扣面，②裸扣底，③扣托，④压棒。

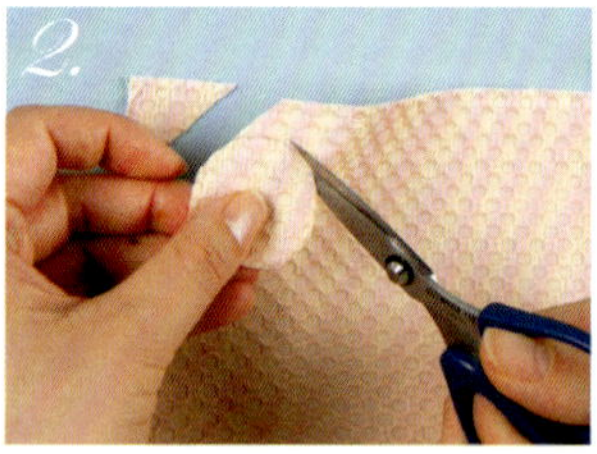

剪出一个直径为裸扣2倍的圆形布块。

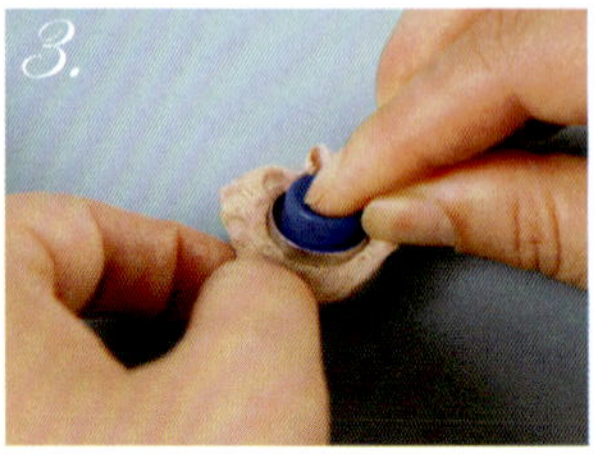

在扣托上依次放布块和裸扣面，并用压棒压实。

将裸扣底再放在其上，继续用压棒压实。

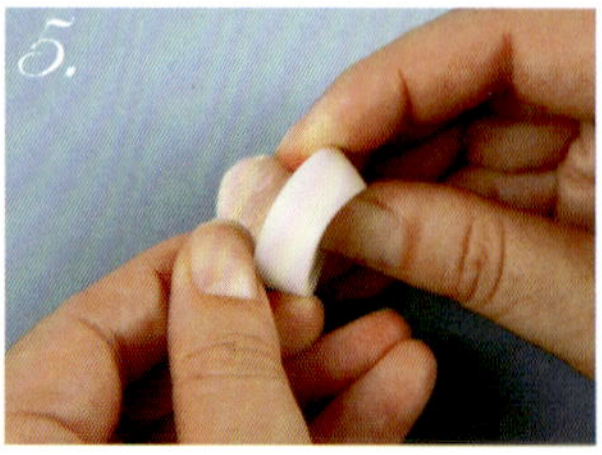

完成后，将纽扣从扣托中取出。

—有脚纽扣—

利用家中常备的有脚纽扣也能做出漂亮的布包扣！

在布块上画直径为纽扣2倍的圆形，留出0.3cm的缝份剪裁。

沿1中描画的线条进行缩缝，并将线抽紧。

将缝份向内塞入边缘。

自己喜爱的布包扣就完成了。

在卡片上画出自己喜欢的图画，再将自己制作的布包扣粘贴在卡片上。包扣上还可以用毛线刺绣蜜蜂哟！

花园中的可爱花朵，一朵又一朵。
将这样特别的卡片送给别人，
一定会带给他们不小的惊喜。

为什么蚂蚁的家中会藏着那么多的糖果呢？
将卡纸粘贴在墙壁上，
就是一幅精致的装饰画。

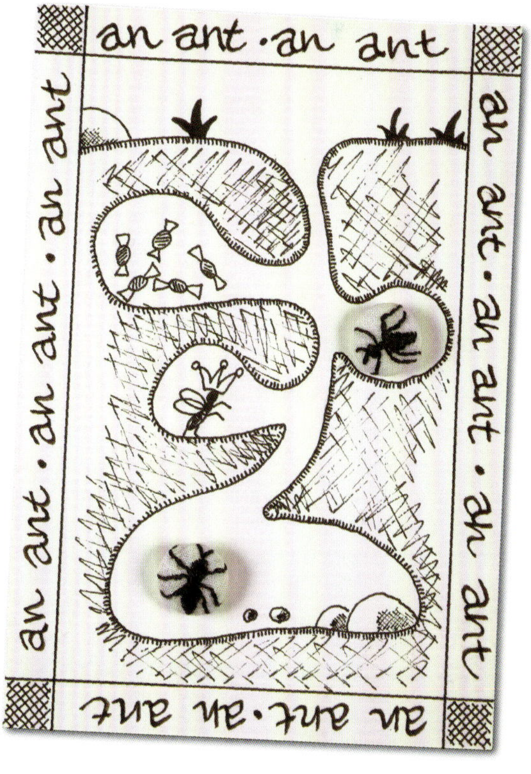

布包扣制作的头花

剪成标签形状的硬纸上粘贴旧的邮票，让简单的头花成为送给他人的最好礼物。

<材料>

直径2cm的圆纽扣……1个
布块……6cm × 6cm
刺绣线、串珠……适量
直径0.3cm的圆形橡皮筋……20cm

<制作方法>

1. 在布块上刺绣后制作布包扣。
2. 装饰上串珠后，继续刺绣。
3. 将圆形橡皮筋穿过布包扣。
4. 将厚纸剪裁成衣牌形状，粘贴邮票并盖章。
5. 将厚纸的顶端打孔穿线，并将头花穿过纸牌的剪口。

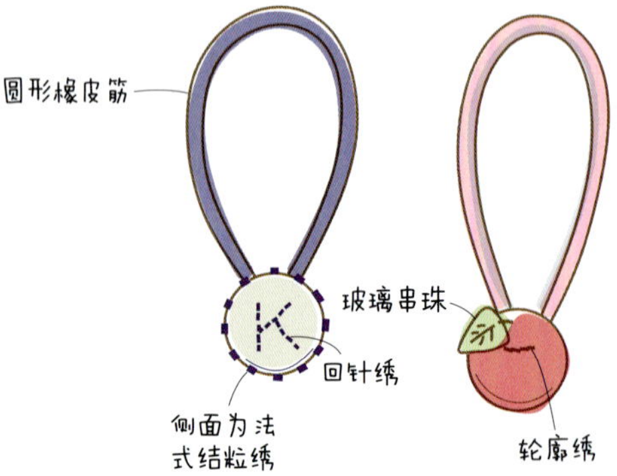

不织布纽扣

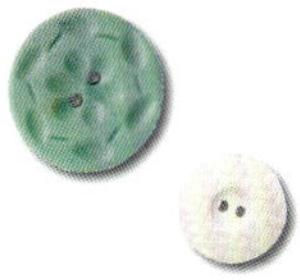

用较厚的不织布制作纽扣。用剪刀剪成方形或圆形，用打孔机打出扣眼，非常可爱吧！

<材料>

厚0.6cm的不织布……各色适量

<制作方法>

1. 将不织布分别剪裁成方形和圆形。（2cm×2cm 的正方形、1.5cm×1.5cm 的正方形、直径 3cm 的圆形）
2. 用打孔器（皮革专用）打出扣眼。

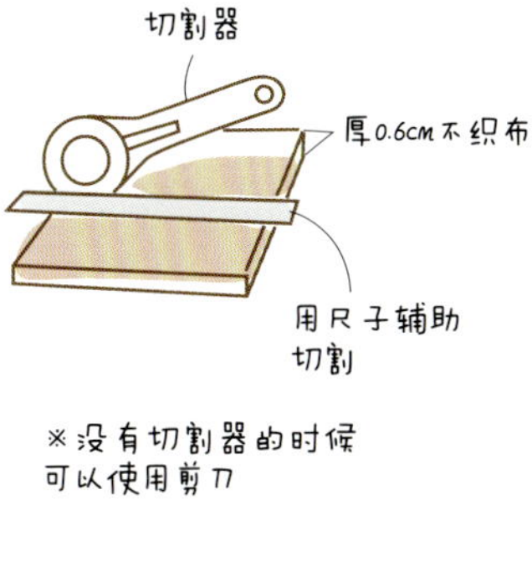

●制作要点

· 没有厚0.6cm的不织布时，可以将几张不织布粘贴在一起。

陶土纽扣

使用陶吧的陶土制作出的纽扣，具有与自然浑然一体的魅力。在未烧之前，穿扣眼非常容易，还可以在纽扣上嵌入珊瑚，做出不同感觉。

<材料>
陶土……适量
珊瑚等……适量
清漆……适量

<制作方法>
1.用陶土塑形后，将珊瑚嵌入陶土表面。
2.穿扣眼。
3.烧制。

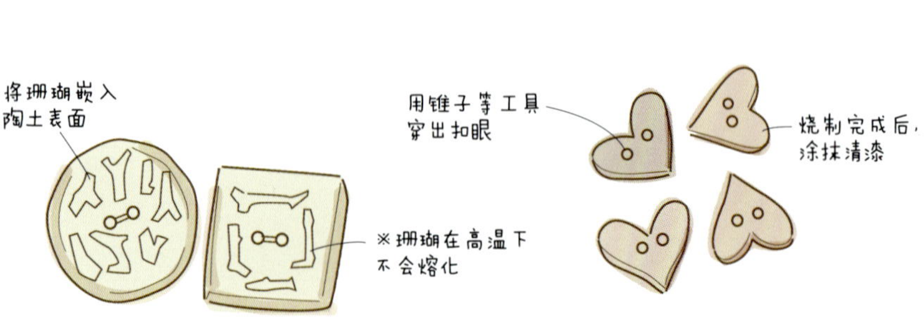

●**制作要点**
· 如果想在陶土上嵌入遇高温易熔化的材料，可以待烧制结束后用黏合剂粘贴。

花饰纽扣

在扁平的纽扣上装饰串珠、钻石等小饰物，就能瞬间提升纽扣的华美度。尝试把纽扣粘贴在信封上，带来与众不同的美感。

<材料>
直径2.3cm~3.2 cm的扁平纽扣……适量
莱茵石、串珠等……适量

<制作方法>
用多功能黏合剂将串珠等粘贴在扁平纽扣上。

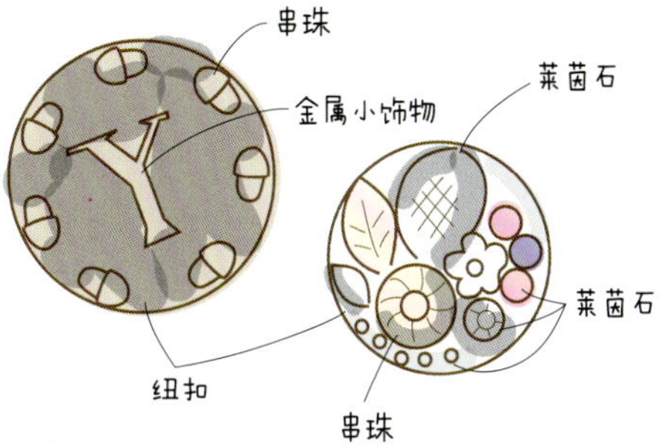

软陶纽扣

加热后就能黏合在一起的软陶也是非常好的材料！将几种颜色混搭起来，就能做出各种形状的可爱纽扣，让人回忆起童年的色彩。

<材料>
软陶……各色适量

<制作方法>
1. 将软陶制作成纽扣的形状。
2. 穿扣眼。
3. 加热。

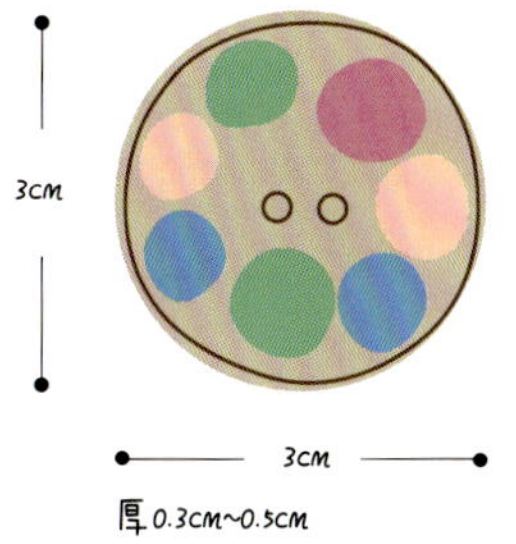

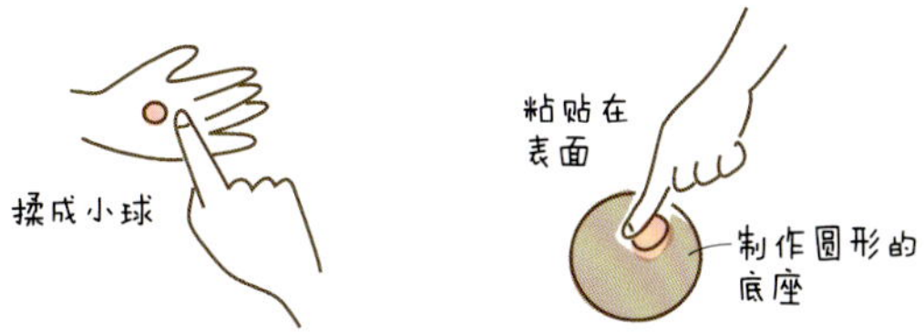

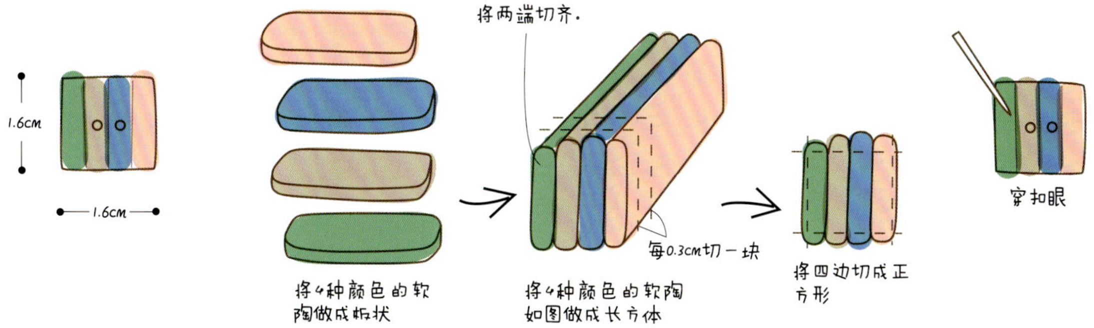

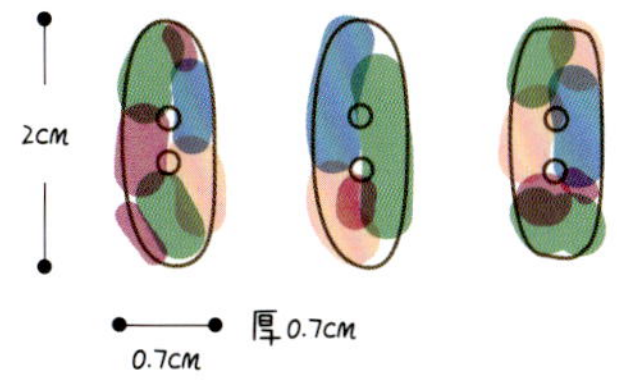

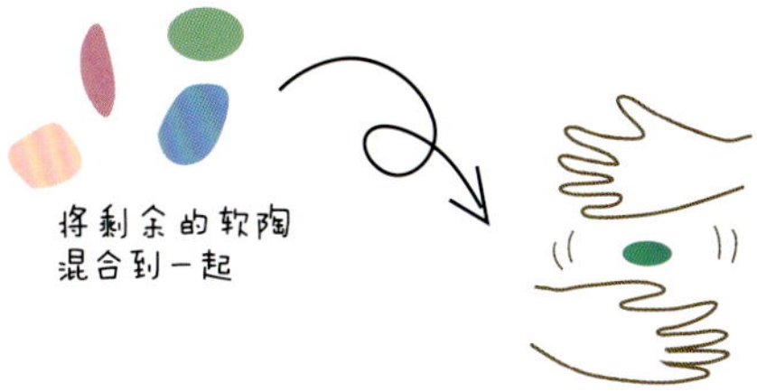

在圆环上编刺绣线的方法

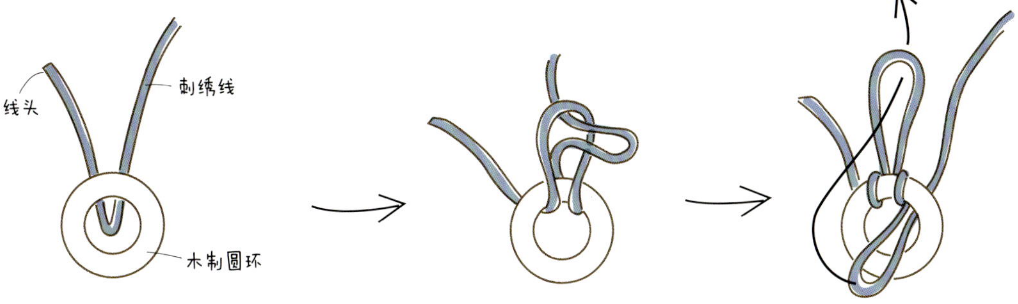

金属托纽扣

在精致优雅的金属托纽扣上装饰可爱的串珠，瞬间提升华美感。使用无脚金属托时，可以重叠使用有脚纽扣，或用圆环和T形针代替有脚金属托。

<材料>
镂空金属纽扣、带孔纽扣……适量
串珠、纽扣等……适量
鱼线……适量

<制作方法>
在镂空金属纽扣上用鱼线装饰串珠等小饰物。

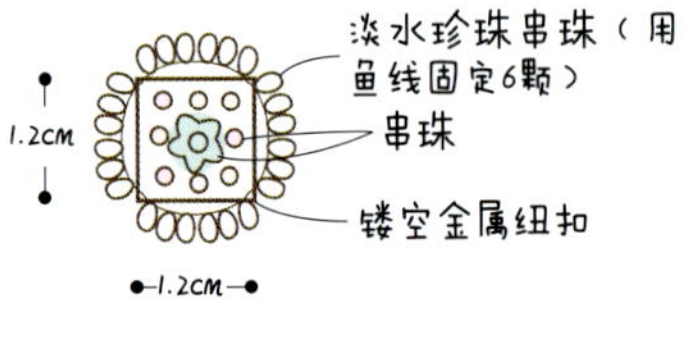

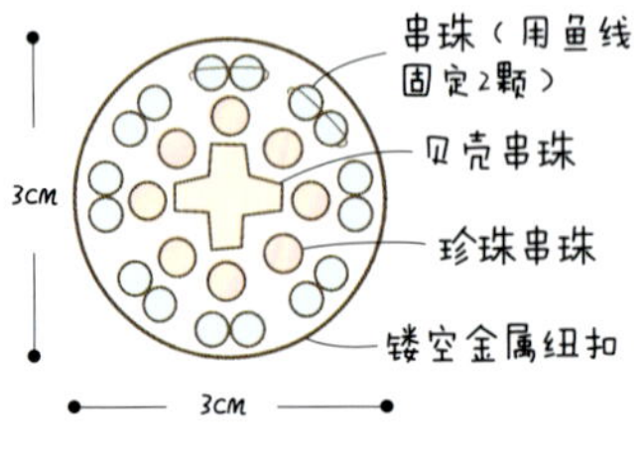

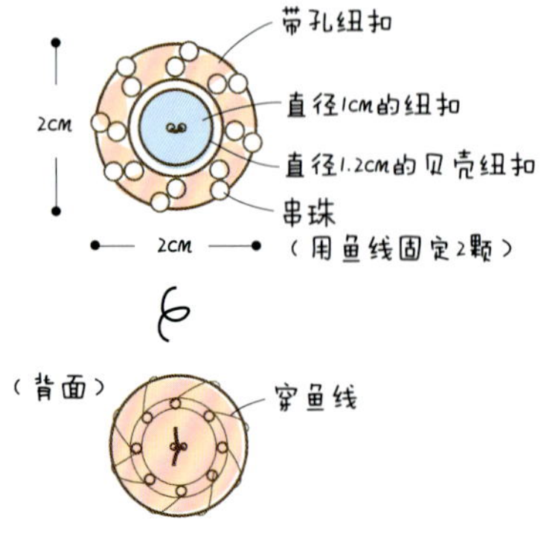

在镂空金属扣上装饰串珠，再以捷克串珠和金属环搭配，优雅精美的装饰链就诞生了。（参考作品）

包布纽扣

将自己喜爱的布块包裹在塑料纽扣外，成为束口包的最好装饰，当然能够代替贴布成为包包的亮点哟！

素色束口包（大）29cm×26cm

素色束口包（小）21cm×18cm

花色束口包20.5cm×15cm

制作方法参见P69

包布纽扣的制作方法

可以作为代替贴布的包布纽扣绝对人气十足哟！一起来制作吧！

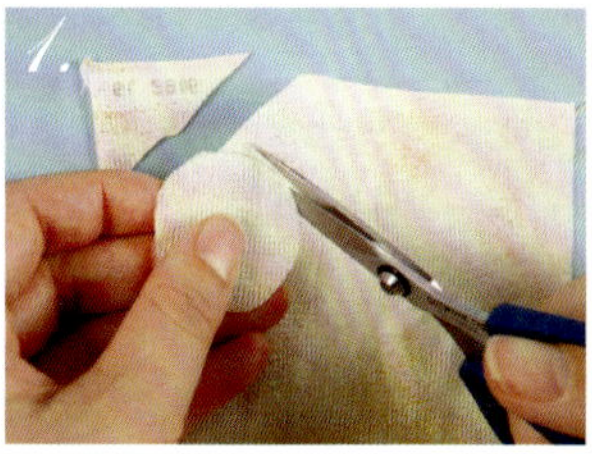

剪裁一块直径为裸扣2倍的圆形布块。

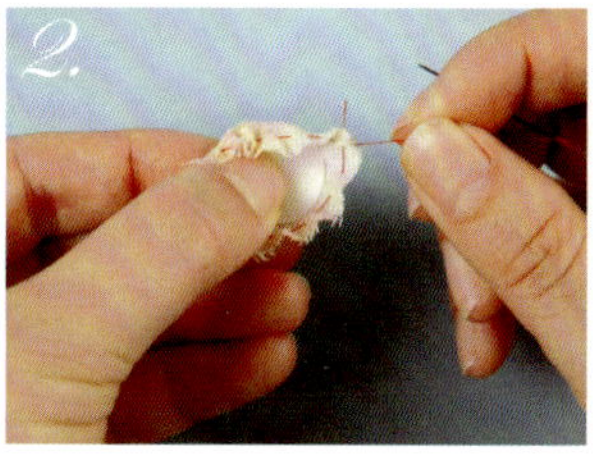

留出0.3cm的缝份，缩缝1周。

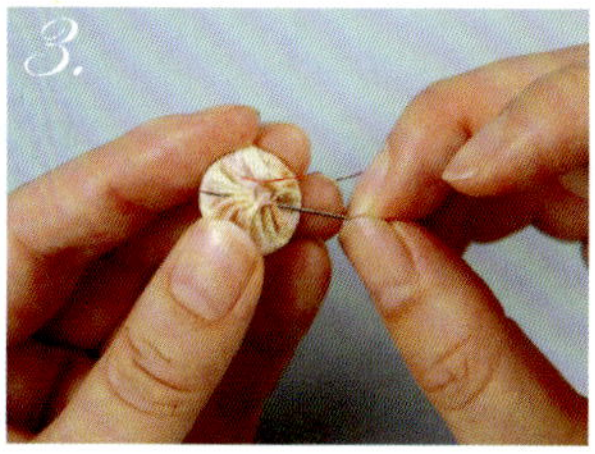

将线收紧后在纽扣根部缝几针。

用自己喜爱的布块制作的布包纽扣就完成了。

作品参见P68

束口包

素色束口包的实物大小的纸样参见纸A面③、④

素色束口包（大、小）

<材料>

表布（前面、后面）……大30cm×60cm、小25cm×50cm
内袋用布……大30cm×60cm、小25cm×50cm
穿抽带用布……小100cm、大120cm
直径2.5cm和直径3.3cm的圆形裸扣……各5个
制作包布纽扣用布块……适量

花色束口包

<材料>

表布（前面、后面）……25cm×40cm
内袋用布……25cm×40cm
穿抽带用布……10cm×20cm
宽1cm的抽带……70cm
直径2.5cm的圆形裸扣……4个
制作包布纽扣用布块……适量

制作包布纽扣的方法

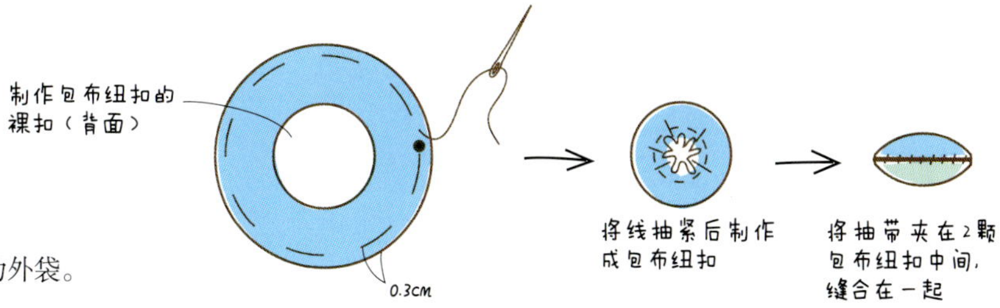

<制作方法>（4款包都相同）

1. 剪裁2块表布，将正面对合缝成袋状作为外袋。
2. 按照与步骤1相同的方法缝制内袋。
3. 制作穿抽带用的布套，夹在内袋与表布中间缝合。
4. 制作包布纽扣后缝合装饰在抽带两端。

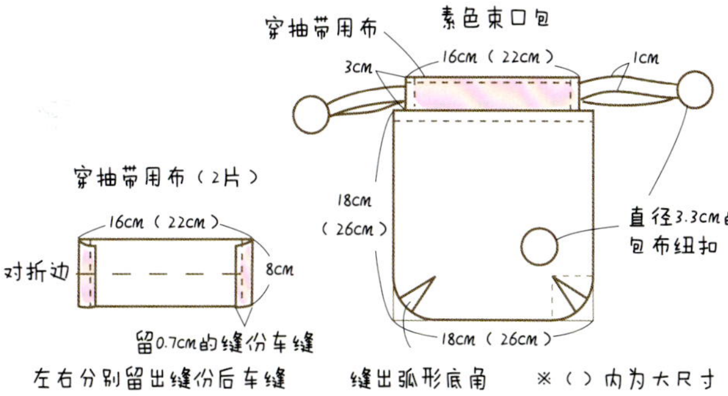

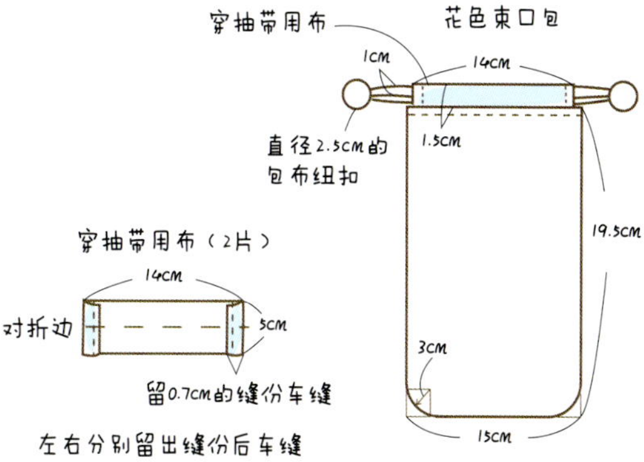

我的收藏 3

装饰的乐趣

纽扣一天天增多，
如果不能好好利用它们装饰房间，
那未免太可惜了。

在P28~31页中介绍的艺术相框，
只是其中的一种装饰方法。

由于纽扣是我手作中的重要材料，
所以迅速找出需要的种类也是很重要的。
那么，纽扣的收纳方法就是关键中的关键啦！

将纽扣分门别类地放入玻璃罐中，
再摆放到金属收纳篮里，
既能清晰地看到每款纽扣的样子，
又方便拿取。

学生们将纽扣分装在透明的小袋中，
再用小木夹固定在金属收纳篮上。
外国旧邮票和英文报纸也装饰在一起，
让小店的气氛立刻变得与众不同。

印有英文字的花布折成的小袋子，
也是盛放纽扣的不错选择。
不要忘了在表面留出一颗哟。
怎么样？也是很漂亮的装饰品吧！

第四部分

纽扣制作的贴身饰物

纽扣的材料和样子可谓千姿百态，所以用纽扣制作出的贴身小饰物当然个性十足！

简单的指环

蕾丝般的纽扣搭配串珠制作的指环、按扣和金属环的组合指环，或是纽扣与纽扣叠加出的纽扣，无一不体现出与众不同的特点。

制作方法参见P73

作品参见P72

简单的指环

在指环托上制作指环的方法

用鱼线将纽扣和串珠等小饰物固定在指环托上。

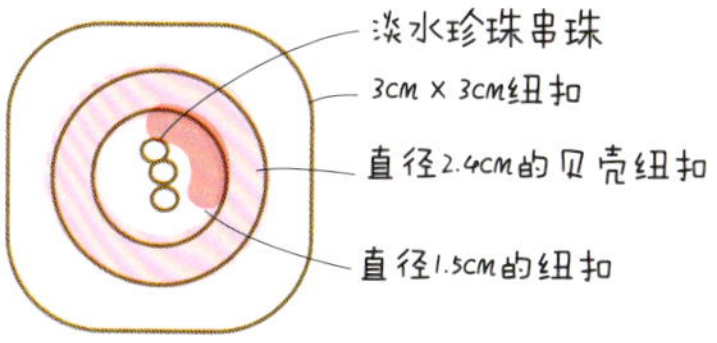

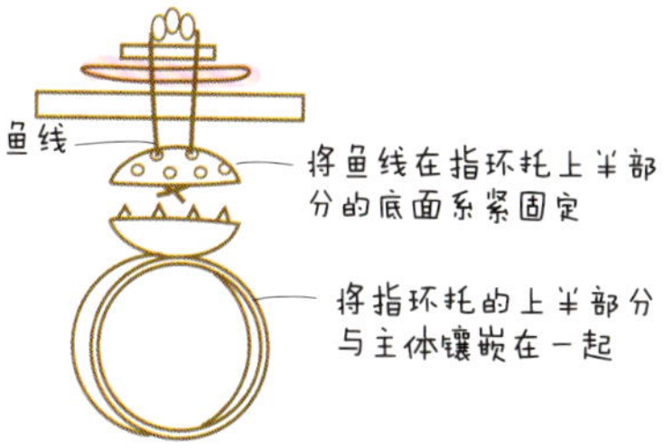

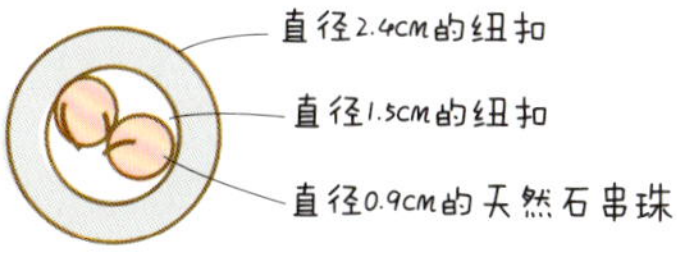

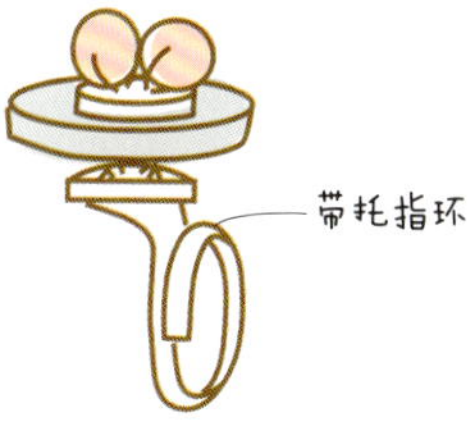

按扣指环的制作方法

在圆环上随意穿过按扣和纽扣等小饰物。

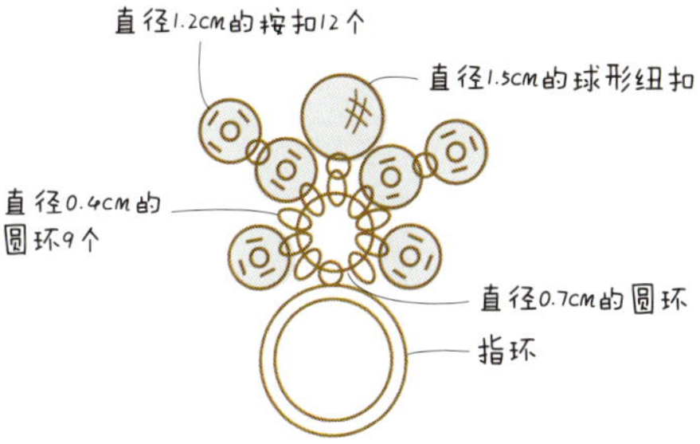

串珠编织的指环制作方法

根据自己的手指尺寸用串珠编织指环。

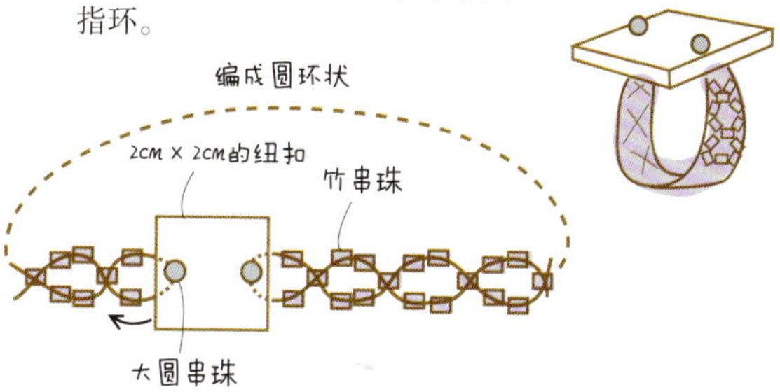

皮革绳和纽扣指环的制作方法

根据自己手指的尺寸用皮革绳编织指环，再将皮革绳穿过扣眼，打结固定。

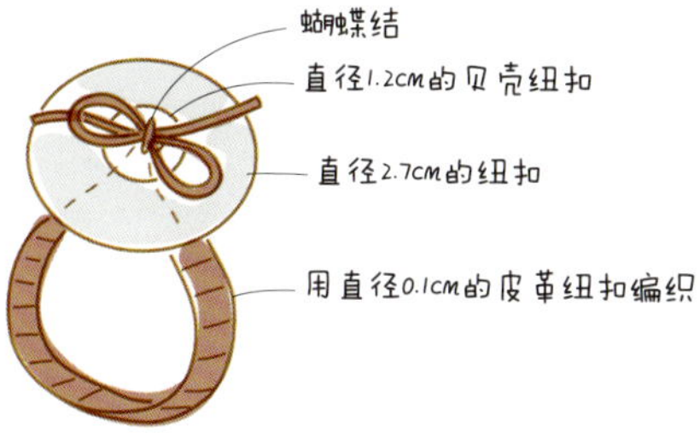

皮革绳的编织方法（露结）

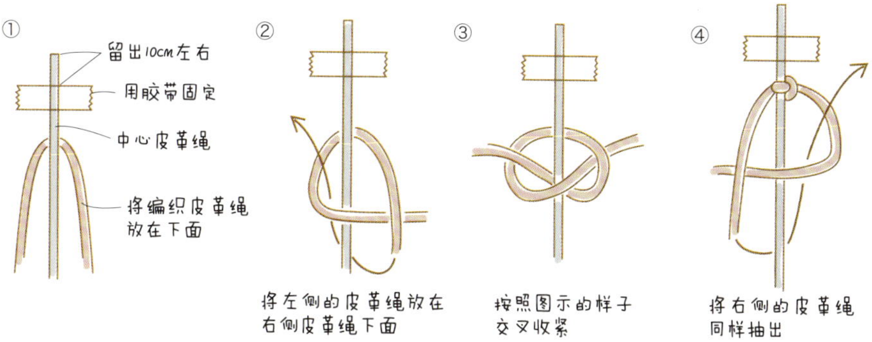

五彩贝壳三件套

将白色镂空贝壳纽扣作为主体亮点，再辅以其他形状的贝壳和珍珠，就完成了三件饰物。搭配带有通透感的夏装，格外时尚。

项链37.5cm

耳坠11cm

手链19cm

制作方法参见P75

作品参见P74

五彩贝壳三件套

项链的制作方法

全长37.5cm

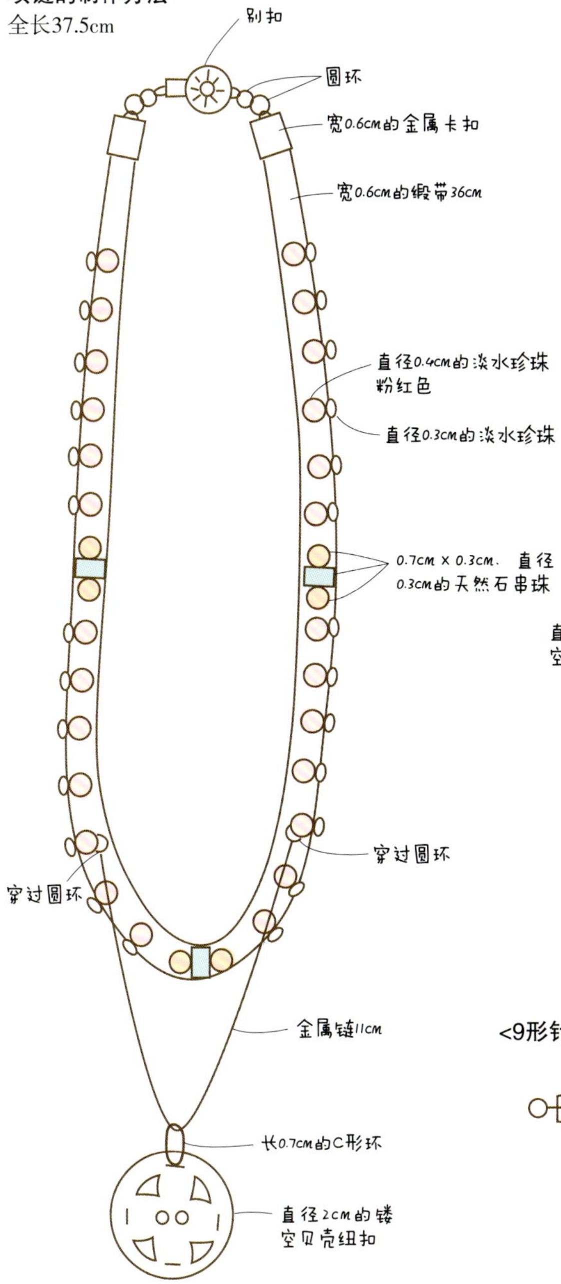

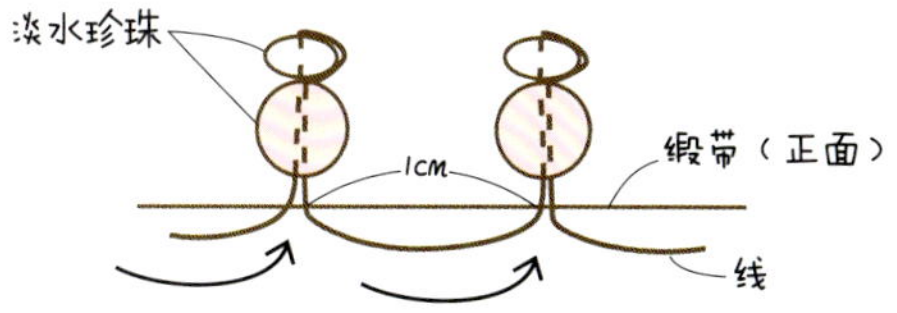

手链的制作方法

长19cm

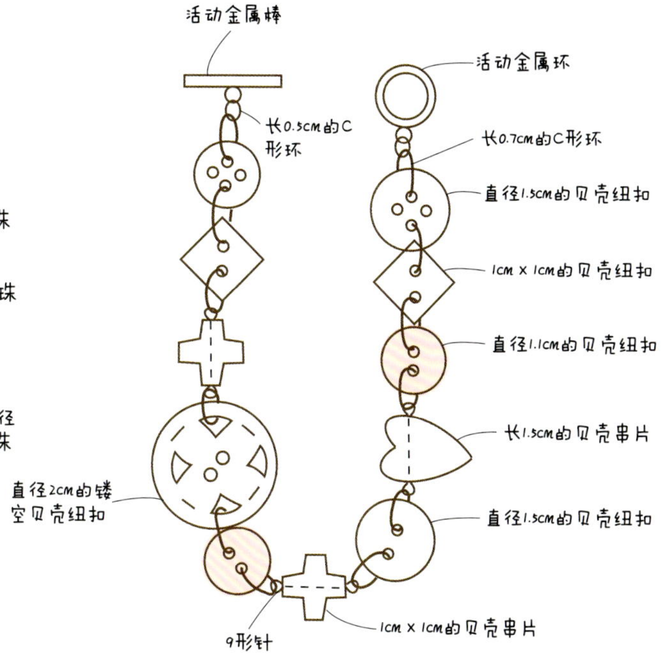

<9形针的使用方法>

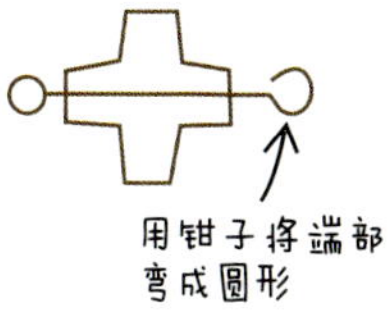

耳坠的制作方法

长11cm

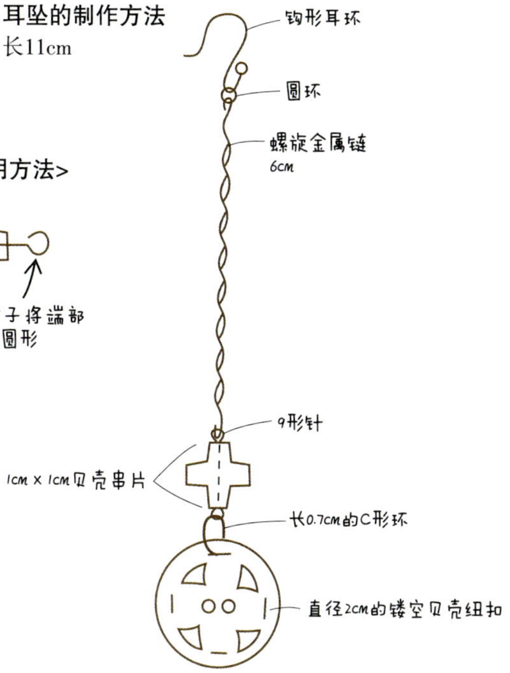

衬衫纽扣打造的颈饰和手环

将随处可见的衬衫纽扣穿到一起，就能打造出分量感十足的贴身饰物。简单的排列方式打造出与众不同的时尚感觉。

颈饰长140cm

手链长23cm

制作方法参见P77

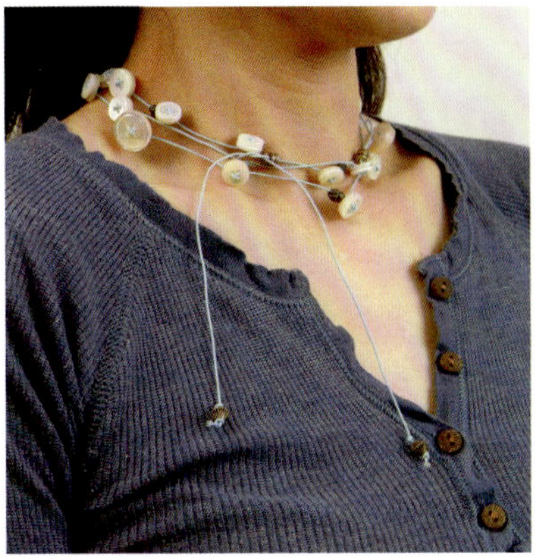

没有任何佩戴方式的限制，饰品的随意性成为它的魅力之所在。两端随意垂下，给人留下亲切自然的印象。

作品参见P76

衬衫纽扣打造的颈饰

<材料>

直径1cm~1.5cm衬衫纽扣……50个
银色串珠……适量
直径0.1cm的尼龙绳……200cm

<制作方法>

1. 每2个纽扣叠在一起，穿入尼龙绳固定好，并间隔穿入银色串珠。
2. 将尼龙绳的两端穿好银色串珠后打结固定。

衬衫纽扣打造的手环

<材料>

直径1cm~1.7cm的衬衫纽扣……70~100个
串珠、闪亮饰物……适量
直径0.1cm的饰品用橡皮筋……适量

<制作方法>

将纽扣随意穿在橡皮筋上，每隔几颗穿入串珠。

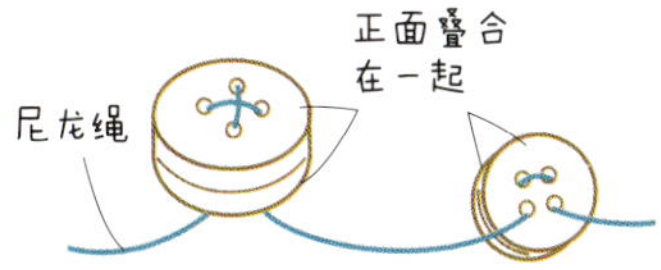

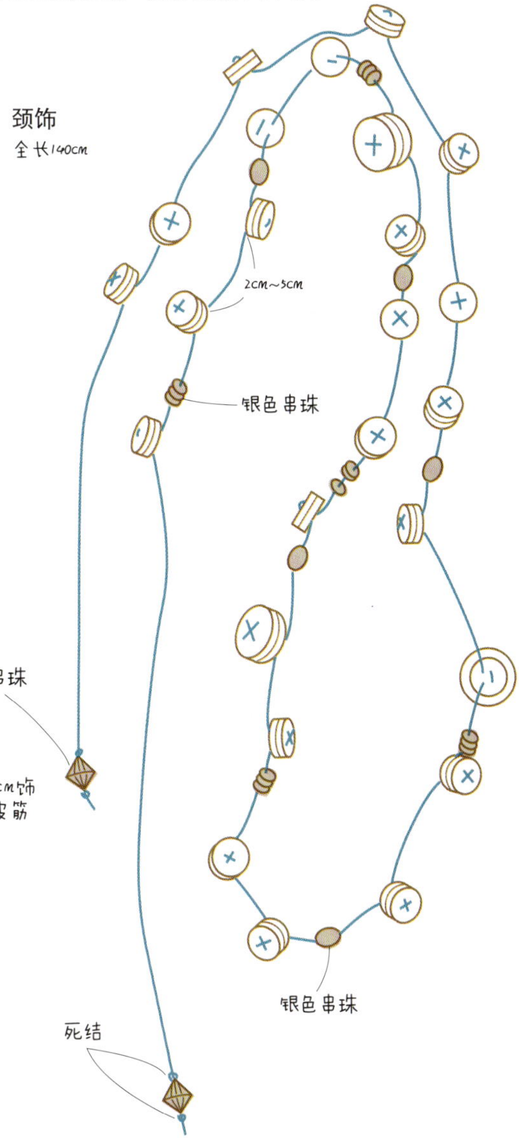

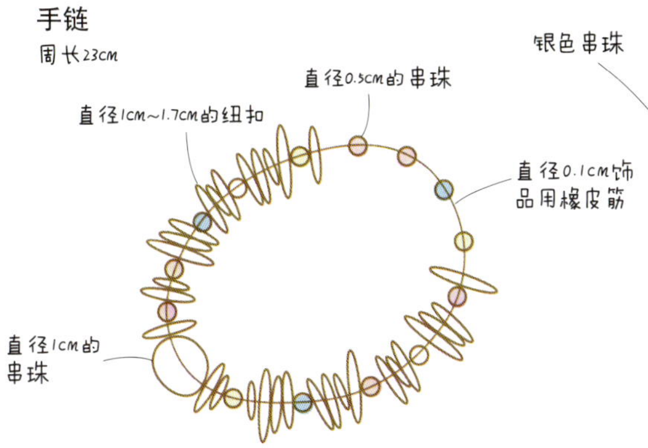

花样素材的别致胸花

以黑色华美缎带、银色皮革以及休闲感十足的方格花布为材料打造的胸花，各自散发出与众不同的美感。每款花心部分的纽扣也各不相同。

黑色直径13cm
方格直径11cm
银色直径11cm
制作方法参见P79

哪一款胸花是你的范儿

点缀在黑色礼服的右肩上，让派对中的自己再添高贵感觉。

复古感极强的针织衫，在银色胸花的装饰下更具迷人魅力。

在学生味十足的服饰上装饰这款胸花，成为简洁中的亮点。

作品参见P78

花样素材的别致胸花

黑色缎带胸花（直径13cm）

<材料>

宽3cm的缎带……135cm
宽5cm的蕾丝带……40cm
直径1cm~1.5cm的纽扣、串珠……3颗
不织布……10cm × 10cm
长2.5cm的别针……1个

<制作方法>

1. 将缎带的下边缩缝出褶皱后卷成花朵形状，并固定在不织布底座上。
2. 将蕾丝带缝合在最底层缎带上。
3. 在中心缝合固定纽扣和串珠。
4. 将别针固定在不织布上。

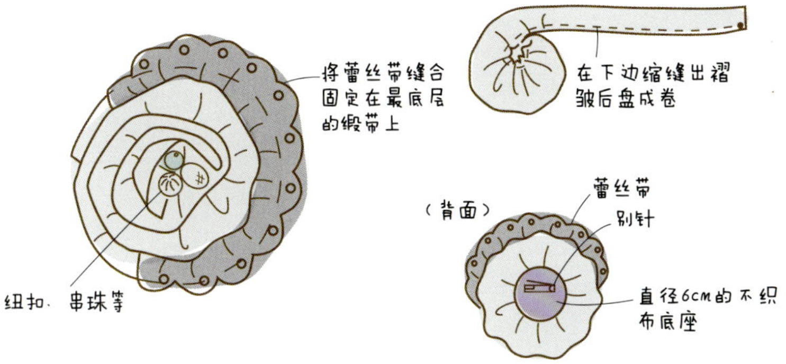

方格图案胸花（直径11cm）

<材料>

6cm × 6cm的布块……40片
宽2cm的棉布带……120cm
直径6cm、直径4.5cm的纽扣……各1个
长2.5cm的别针……1个

<制作方法>

1. 将布块参照图示折叠后，叠压缝合在棉布带上。
2. 将步骤1中制作的布袋从外侧向中心卷成花朵形状，边卷边缝合。
3. 将直径6cm的纽扣和别针缝合固定在主体上。

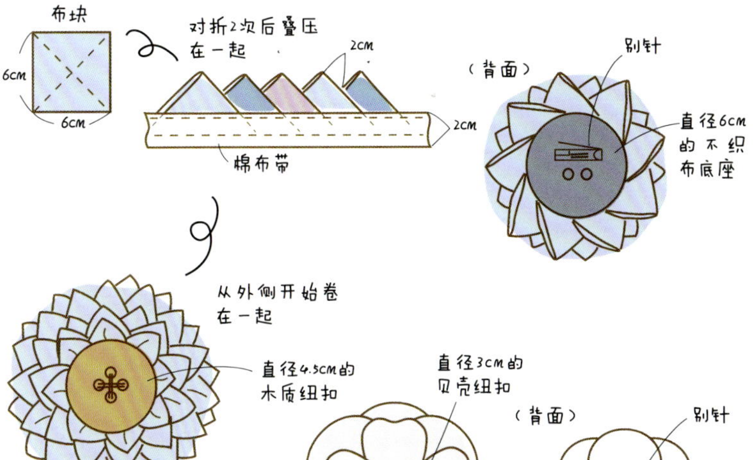

银色皮革胸花（直径11cm）

实物大小的纸样参见纸B面⑰

<材料>

银色皮革……25cm × 25cm
直径3cm的贝壳纽扣……1个
皮革（底座用）……5cm × 5cm
长2.5cm的别针……1个

<制作方法>

1. 将银色皮革剪裁成大小2种尺寸的花瓣。
2. 用加热棒将花瓣烫出弧度。
3. 按照图示的样子，用黏合剂将花瓣粘在一起，并在中心钉纽扣。
4. 将别针固定在底座上，并用黏合剂粘在主体上。

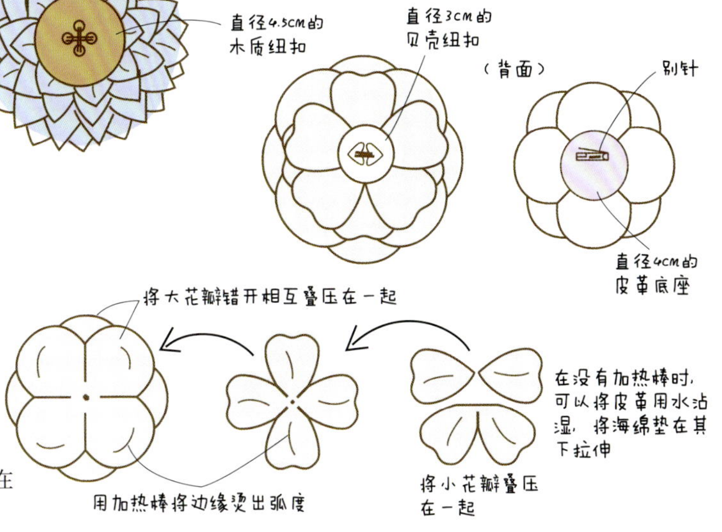

东欧风尚花饰和手链

复古的色彩搭配给人留下深刻的印象，搭配西式礼服恰到好处。手链上的纽扣与素色搭配天衣无缝。

花饰7.5cm × 6cm

手链长36cm

制作方法参见P81

时尚发卡

使用非常便宜的素色普通发卡就能做出品位不凡的高档头饰。简单地将纽扣、蕾丝和缎带搭配在一起，成熟可爱的感觉油然而生。

制作方法参见P81

作品参见P80

东欧风尚花饰和手链、时尚发卡

花饰的制作方法

放入铺棉，做出弧度。

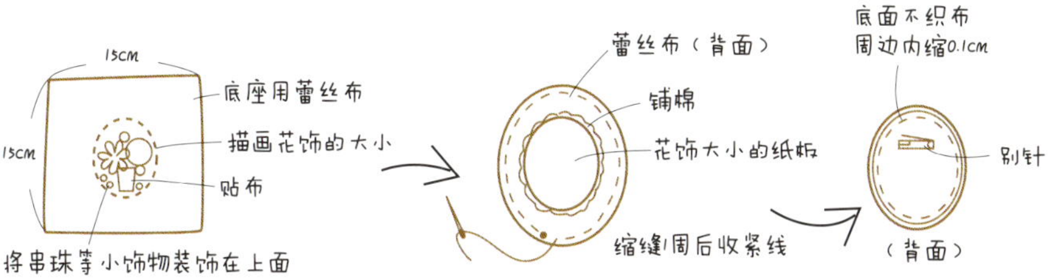

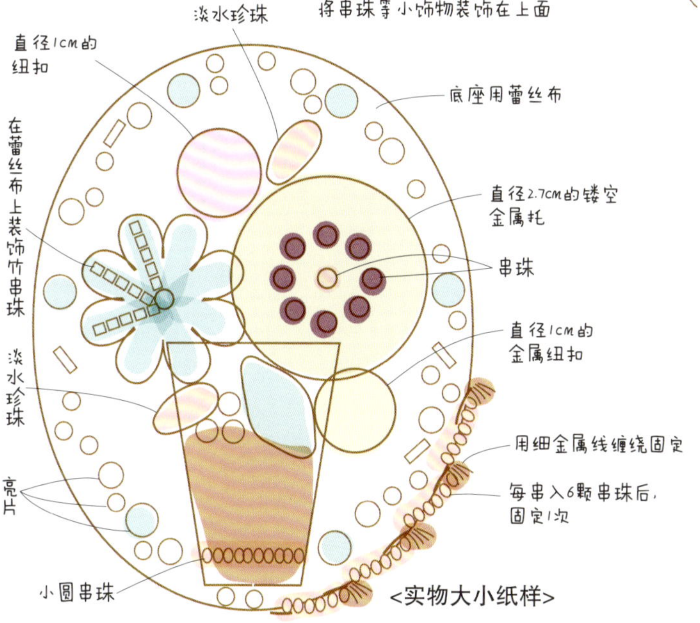

<实物大小纸样>

手链的制作方法

根据手腕的尺寸决定
手链的长度。

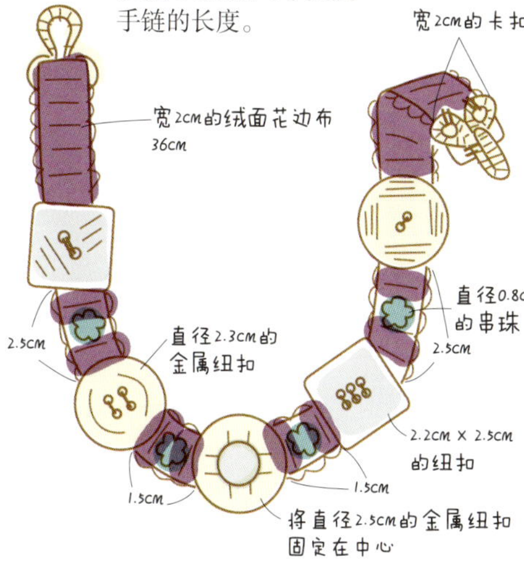

发卡的制作方法

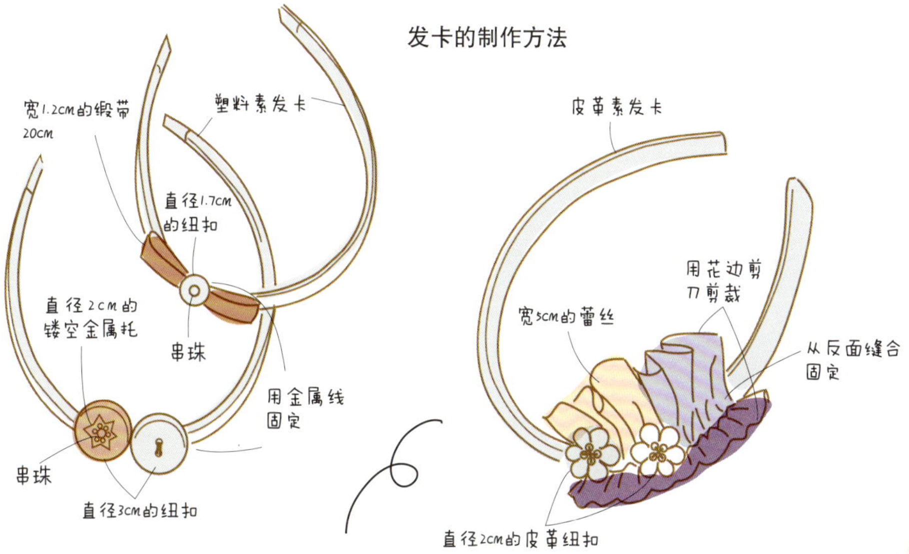

※布料的剪裁尺寸

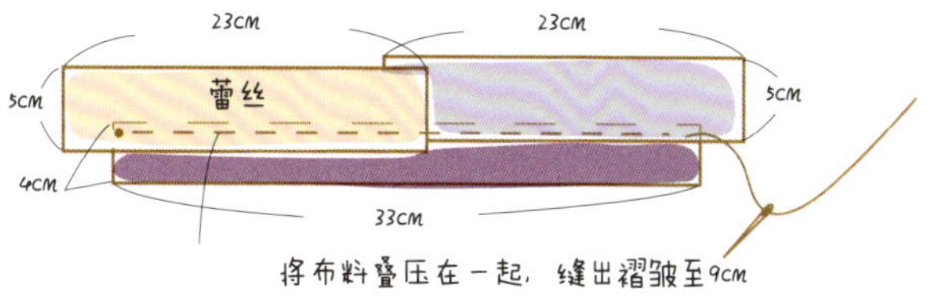

将纽扣、镂空金属托和串珠组合起来，精致漂亮。

纽扣花朵胸针和耳饰

纽扣叠压成1朵6瓣花。用串珠点缀后增强了精致细腻的感觉，中心的中国结纽扣别具一格。

胸针直径7cm

耳饰（左）长4cm

耳饰（右）长4.5cm

制作方法参见P83

作品参见P82

纽扣花朵胸针和耳饰

纽扣花朵胸针

<材料>

直径3cm的纽扣……6个
直径2cm的纽扣……1个
长0.3cm的菱形切面串珠……约30颗
直径3cm的底托……1个
鱼线、金属线……各适量

<制作方法>

1. 用鱼线将6颗纽扣固定到底托上（参见P47）。
2. 用金属线每穿5颗串珠，固定在主体上1次。参照图示绕一周。
3. 在底托的中心装饰1颗纽扣，就完成了。

玻璃纽扣耳饰

<材料>

直径2cm的玻璃纽扣……2个
叶片形玻璃串珠……2颗
长0.5cm的火磨珠……6颗
长0.3cm的菱形切面串珠……6个颗
T形针……10根
针式耳钉……1对

<制作方法>

1. 将T形针穿过扣眼后，将底端拧弯。分别在其上挂穿有串珠的T形针。
2. 用黏合剂将针式耳钉粘贴在纽扣上。

编织线纽扣耳饰

<材料>

直径1.2cm的编织线纽扣……2个
长0.3cm的火磨珠……20个
长0.8cm的玻璃串珠……2颗
小圆串珠……34颗
T形针……10根
9形针……2根
圆环……2个
针式耳钉……1对

<制作方法>

1. 在编织线纽扣上缝合固定串珠，并穿过圆环。
2. 分别将串珠穿过T形针和9形针后固定在步骤1中的圆环上。
3. 用黏合剂将针式耳钉粘贴在纽扣上。

纽扣花朵胸针

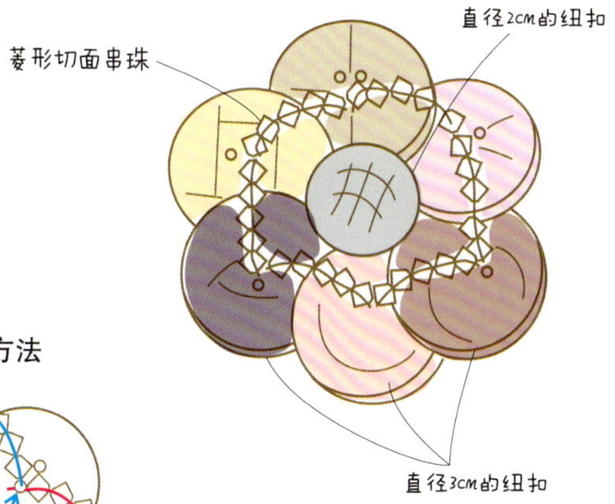

穿金属线的方法

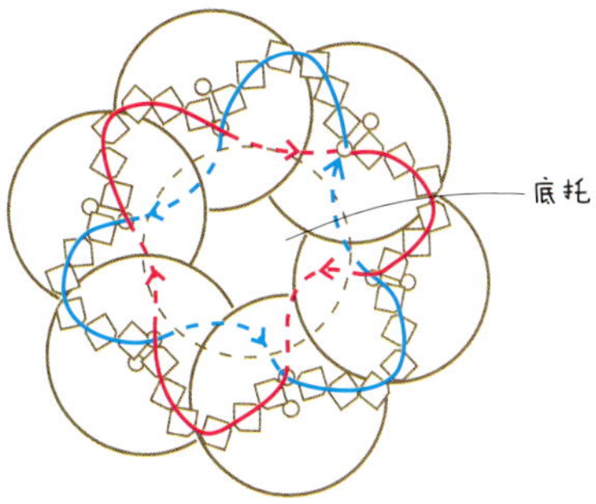

玻璃纽扣耳饰

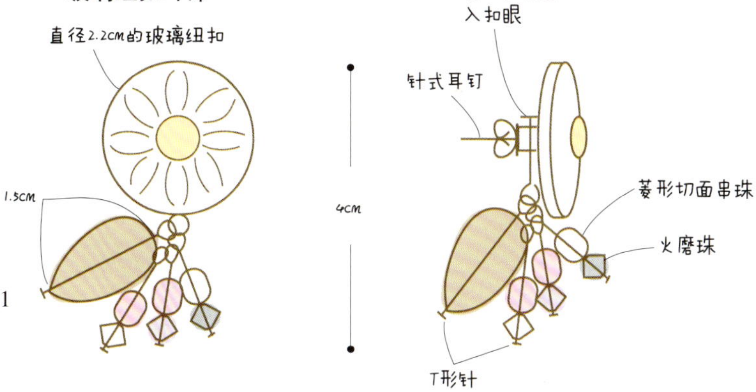

编织线纽扣耳饰

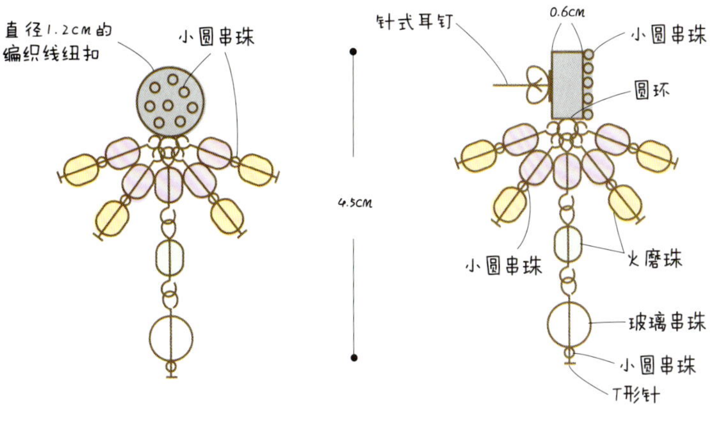

精致素雅的两款发插

复古的金色纽扣排列在一起，精致华美；用齿轮一样的纽扣打造出的发饰，能够瞬间提升发型的品位。

左宽8.5cm

右长4.5cm

制作方法参见P85

自然风纽扣毛衣链

大大小小的自然色纽扣组合在一起，再以蕾丝和珍珠点缀，散发出无尽的华美气息。

长90cm

制作方法参见P85

作品参见P84

自然风纽扣毛衣链

<材料>

直径1cm~ 4.5cm的纽扣……35个

宽2cm的蕾丝……140cm

刺绣线……DMC8号（原色）

<制作方法>

1. 参照图示的方法将纽扣穿在一起。
2. 将蕾丝对折，固定在穿纽扣的刺绣线上。

精致素雅的两款发插

发梳

<材料>

直径1cm~ 2.5cm的纽扣……6个

宽7.5cm的发梳……1个

铁丝……适量

<制作方法>

1. 用铁丝将纽扣固定在发梳上。

U形发卡

<材料>

直径1.2cm的贝壳纽扣……7个

直径1cm的纽扣……1个

长0.2cm的菱形切面串珠……22颗

带托U形发卡……1个

鱼线……适量

<制作方法>

1. 用鱼线将7个纽扣固定在U形发卡的托上（参见P47）。
2. 每个纽扣上分别用鱼线固定3颗串珠（参见P83）。
3. 在中心固定纽扣。

穿纽扣的方法

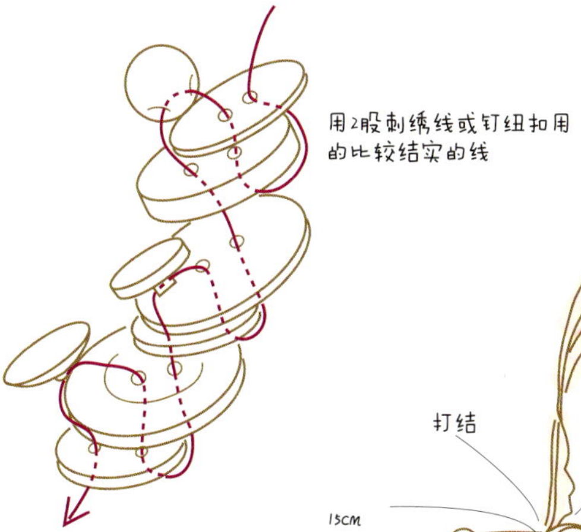

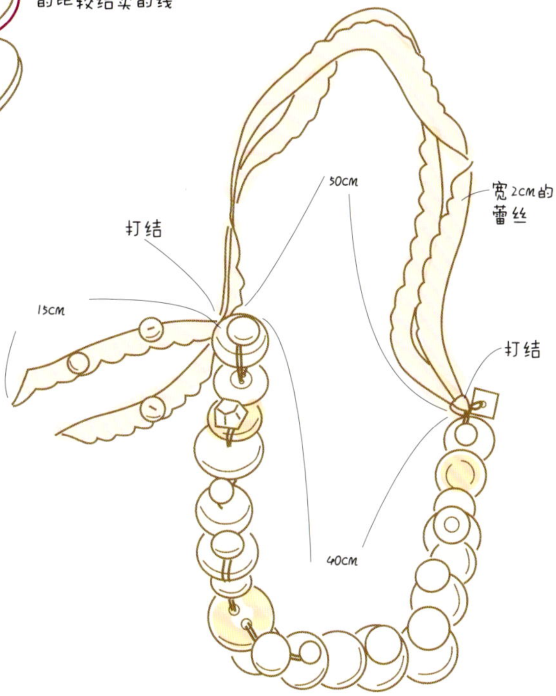

U形发卡

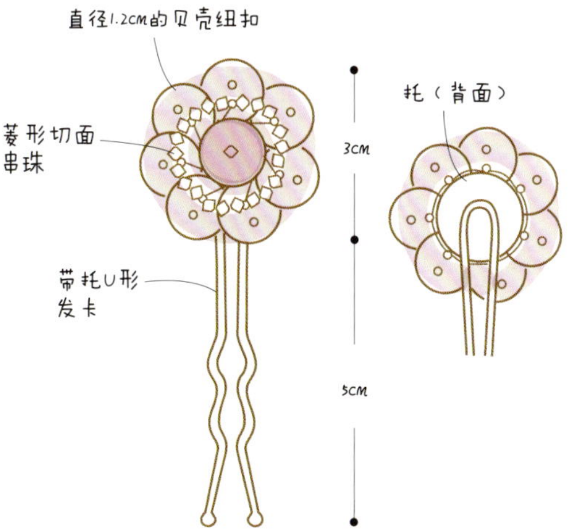

发梳

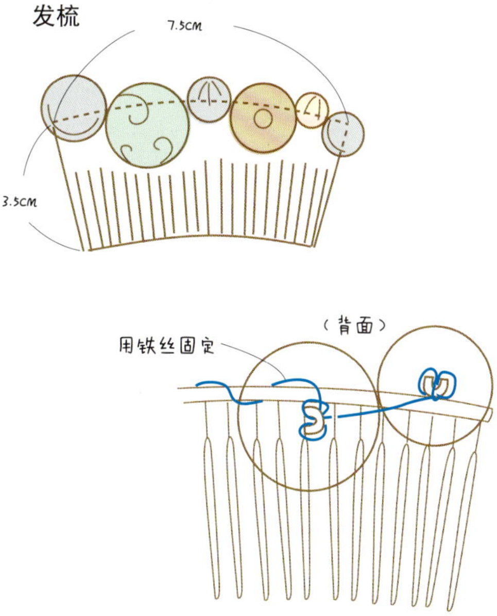

圆环项链

将各种颜色的绣线缠绕在圆环上，成了珍珠项链上五颜六色的亮点。简单的黑色贝壳纽扣嵌入其中，优雅大方。

长85cm

制作方法参见P88

绒带项链和皮革手环

将绒面缎带制作成锁链形环环相扣，时尚感极强。

简单地将皮革和纽扣组合在一起，就是一款休闲味道十足的手链。

项链长90cm

手链长19cm

制作方法参见P88

作品参见P86

圆环项链

<材料>

直径2cm的木环……12个
0.3cm的淡水珍珠串珠……160cm（约550颗）
刺绣线……DMC6号、8号
直径1.2cm的贝壳纽扣……12个
卡扣……1个
固定扣、金属小球链……各4个
鱼线……适量

<制作方法>

1. 将淡水珍珠穿过鱼线后，两端用固定扣及金属小球链固定，制作成双层珍珠项链。
2. 用刺绣线将木环缠绕好。
3. 将步骤2中的6个木环中间分别嵌入2个贝壳纽扣。
4. 用刺绣线将步骤2和步骤3中的木环固定在珍珠项链上。

●制作要点

· 用刺绣线缠绕木环的方法参见P65。

圆环项链
全长85cm

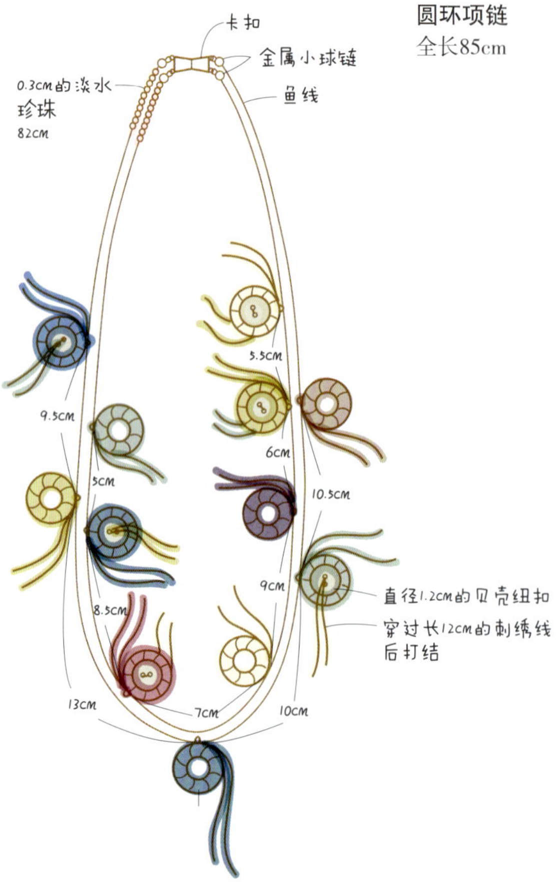

作品参见P87

绒带项链

<材料>

宽0.8cm的缎带（灰色、蓝色、黑色、米色）……各40cm~100cm
直径0.7cm的纽扣……23个
6.5cm×4.5cm的木环……1个

<制作方法>

在缎带一端钉纽扣，制作成环状，并连接成任意长度的项链。

绒带项链
全长90cm

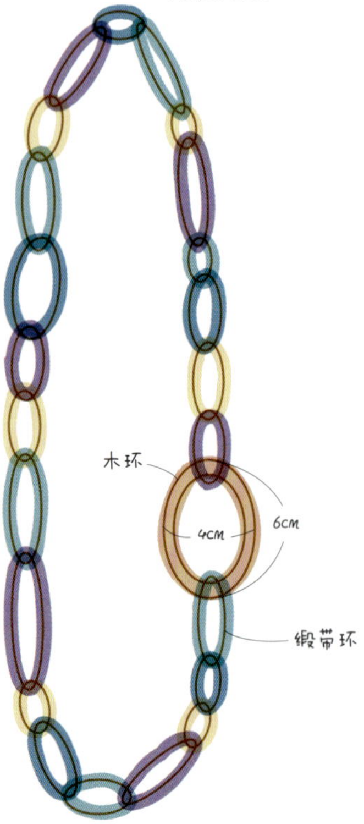

缎带环的连接方法

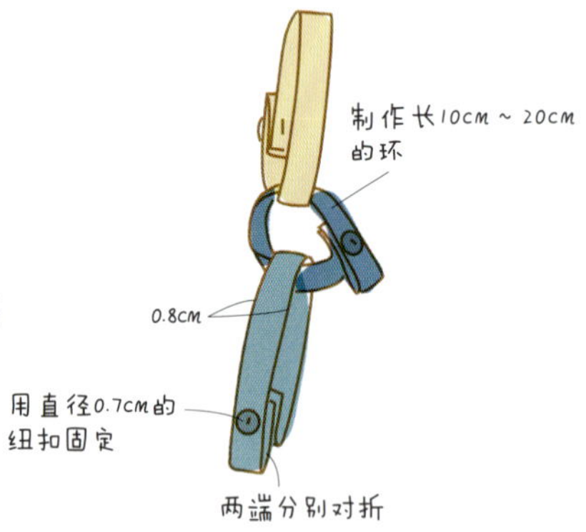

皮革手环

<材料>

宽1.5cm的表带皮革……25cm
直径3.5cm的皮革纽扣……1个
直径1cm的贝壳纽扣……1个
饰品用橡皮筋……适量

<制作方法>

根据手腕的尺寸决定皮革的长度后，将橡皮筋穿过孔洞固定皮革纽扣和贝壳纽扣。

皮革手环

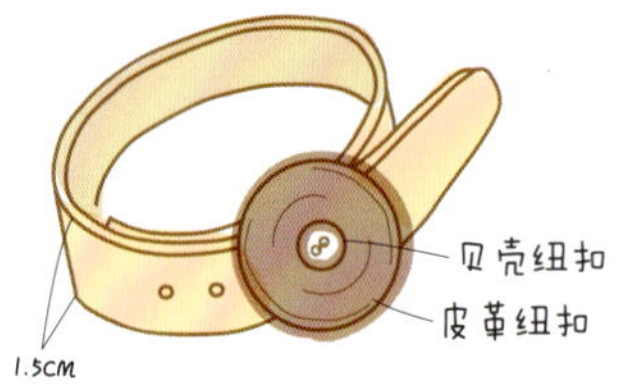

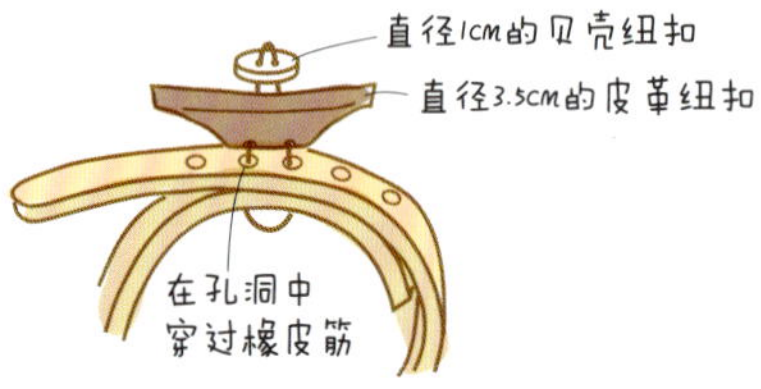